Die
Technik des Kühlschrankes

Einführung in die Kältetechnik für Käufer und
Verkäufer von Kühlschränken, Gas- und
Elektrizitätswerke, Architekten und
das Nahrungsmittelgewerbe

Von

Dipl.-Ing. P. Scholl

Berlin

Mit 41 Abbildungen im Text

Springer-Verlag Berlin Heidelberg GmbH 1932

ISBN 978-3-662-36017-0   ISBN 978-3-662-36847-3 (eBook)
DOI 10.1007/978-3-662-36847-3

Vorwort.

Es gab bisher in der Kältetechnik kein Buch, das für den Laien geschrieben war. Alle Bücher setzten die physikalischen Grundlagen der Kältemaschinen und die Erfordernisse der Kühltechnik als bekannt voraus. Es gibt wohl ausgezeichnete Bücher über Kleinkältemaschinen, sie beschränken sich aber alle darauf, den Fachmann über den neuesten Stand dieses Gebietes zu unterrichten. Dagegen war der kaufmännisch oder technisch vorgebildete Laie kaum in der Lage, sich an Hand der Literatur in das Gebiet der Kältetechnik einzuarbeiten, weil nirgend in zusammenhängender Form unter Fortlassung aller abseits stehenden Fragen alle mit ihr verknüpften Probleme von Grund aus entwickelt und behandelt sind.

Diese Lücke möchte das vorliegende Buch ausfüllen. Es hat sich die Aufgabe gesetzt, allen denen, die sich beruflich mit Kühlschränken befassen müssen, die Kenntnisse zu vermitteln, die sie für ihre Aufgabe benötigen, ohne daß sie Vorkenntnisse für dieses Gebiet zu haben brauchen, und ohne daß sie mit überflüssigem Stoff belastet werden. Es entwickelt dabei nicht nur die physikalischen Grundlagen der Kältetechnik und die besonderen Ausführungsformen von Kühlschränken, sondern geht auch auf die allgemeinen Fragen der Kühlhaltung ein.

Es liegt in der gestellten Aufgabe begründet, daß nicht jedes Problem wissenschaftlich exakt dargestellt werden konnte. Der Umfang wäre sonst zu groß und das Studium zu ermüdend geworden. So wurde an manchen Stellen absichtlich die genaue wissenschaftliche Formulierung vermieden, wenn eine angenäherte Darstellung für das Verständnis ausreichend erschien. Wer in Einzelgebiete tiefer eindringen möchte, sei auf das am Schluß des Buches aufgeführte Literaturverzeichnis verwiesen.

Der Vertrieb von Haushaltkühlschränken steht erst am Anfange seiner Entwicklung. Die Förderung des Absatzes von Kühlschränken, die sowohl im Interesse der Volkswirtschaft, als auch im Interesse der Industrie liegt, wird zu einem wesentlichen Teile eine gut ausgebildete Berufsschicht zur Voraussetzung haben. Wenn das vorliegende Buch in kleinem Maße dieser Aufgabe dient, so ist sein Zweck erfüllt.

Berlin, im Februar 1932.

P. Scholl.

Inhaltsverzeichnis.

Seite

A. Die physikalischen Grundlagen der Kälte-
technik 1
    I. Physikalische Grundbegriffe 1
   II. Die erste Hauptsatz der Thermodynamik 3
  III. Die Grundlagen der Kälteerzeugung 5
  IV. Die verschiedenen Arten der Kälteerzeugung 7
   V. Die zweite Hauptsatz der Thermodynamik 12
  VI. Die Wärmeübergang 14

B. Die praktische Durchbildung der Kühl-
schränke 17
  VII. Die Durchbildung der einzelnen Teile der Kompressor-
maschinen 17
 VIII. Die Eigenschaften der Kältemittel 24
   IX. Die Durchbildung der Absorptionskältemaschinen 29
    X. Die automatischen Regelvorrichtungen 37

C. Die allgemeinen Gesichtspunkte der Nah-
rungsmittelkühlung 39
   XI. Luftfeuchtigkeit 39
  XII. Die für den Schrankbau maßgebenden Gesichtspunkte . . 43
 XIII. Die Bedingungen für günstige Lebensmittellagerung . . . 47

D. Besondere Ausführungsformen von Kühl-
schränken 52
  XIV. Einige spezielle Ausführungen von Kompressorschränken . 52
   XV. Einige spezielle Ausführungen von Absorptionskühlschränken 60

Literaturverzeichnis 64
Sachverzeichnis 65

A. Die physikalischen Grundlagen der Kältetechnik.

I. Physikalische Grundbegriffe.

Wärme und Kälte sind im physikalischen Sinne keine Gegensätze, sondern lediglich verschiedene Ausdrucksformen derselben Energie. Die Begriffe Wärme und Kälte sind bereits im allgemeinen Sprachgebrauch relativ. Wasser von 20° C empfindet und bezeichnet man beispielsweise als kalt, wenn der Körper vorher in warmem Wasser war, man empfindet es jedoch als warm, wenn der Körper vorher in kälterem Wasser war. Physikalisch bedeutet Kälte nichts anderes als „Abwesenheit von Wärme". Ja streng genommen spricht man in der Physik überhaupt nicht von Kälte, sondern von Wärme höherer oder tieferer Temperatur. Jeder Körper hat, auch wenn er sehr kalt ist, noch eine gewisse Wärmeenergie in sich. Erst beim absoluten Nullpunkt verschwindet die Wärmeenergie vollständig.

Um mit der Wärme rechnerisch umgehen zu können, muß man entsprechende Maße festsetzen, genau so, wie man Längenmaße, Körpermaße, Gewichtsmaße usw. hat. Die technische Einheit der Wärmeenergie ist nun eine Kalorie = 1 kcal. Dies ist die Wärmemenge, die notwendig ist, um 1 kg Wasser um 1 Grad zu erwärmen. Durch diese Größe kann man jede Wärmemenge eindeutig festlegen.

Stellt man nun durch Versuche fest, wieviel Wärme notwendig ist, um 1 kg Eisen oder 1 kg Blei oder 1 kg sonst eines Stoffes um 1° zu erwärmen, so findet man, daß hierzu eine geringere Wärmemenge notwendig ist als zum Erwärmen der gleichen Menge Wasser. Man nennt nun die Wärmemenge, die notwendig ist, um 1 kg irgend eines Stoffes um 1° zu erwärmen, seine spezifische Wärme. Diese ist für Eisen beispielsweise 0,115; die spezifische Wärme von Blei beträgt nur 0,03, d. h.: man kann mit 1 kcal 1 kg Blei um 33° oder 33 kg Blei um 1° erwärmen.

Aus dem vorher Gesagten geht hervor, daß die spezifische Wärme von Wasser = 1 gesetzt werden muß. Von wenigen Ausnahmen abgesehen, hat Wasser die größte spezifische Wärme von allen Stoffen.

Durch die Wärmemenge allein ist aber der Zustand eines Körpers noch nicht genügend definiert. Die zweite Größe, die notwendig ist, ist die Temperatur. Die Temperatur wird bekanntlich in Deutschland und fast allen übrigen Ländern durch Grad Celsius ausgedrückt. Die Temperaturskala nach Celsius ist dadurch entstanden, daß der Gefrierpunkt von Wasser $= 0^0$ gesetzt, und der Siedepunkt von Wasser bei normalem Atmosphärendruck $= 100^0$ gesetzt wurde. Diese Skala wird dann nach oben und unten beliebig weit ausgedehnt. Bei der früher üblichen Skala nach Réaumur war der Gefrierpunkt von Wasser ebenfalls $= 0^0$ gesetzt worden, der Siedepunkt von Wasser jedoch $= 80^0$. Um also Celsius-Grade in Réaumur umzurechnen, muß man mit $^4/_5$ multiplizieren. Umgekehrt muß man bei der Umrechnung von Réaumurgraden in Celsiusgrade mit $^5/_4$ multiplizieren.

In England und Amerika ist auch heute noch eine dritte Temperaturskala im allgemeinen Gebrauch, nämlich die nach Fahrenheit. Hier ist der Gefrierpunkt von Wasser $= 32^0$ gesetzt und der Siedepunkt von Wasser $= 212^0$, so daß zwischen Gefrier- und Siedepunkt eine Differenz von 180^0 besteht. Man muß also die Celsiusgrade mit $^9/_5$ multiplizieren und dann noch 32^0 addieren, um die entsprechenden Grade Fahrenheit zu erhalten. Die folgende Tabelle gibt für das praktisch vorkommende Temperaturgebiet einen Vergleich zwischen den 3 Temperaturskalen.

Celsius	Réaumur	Fahrenheit	Celsius	Réaumur	Fahrenheit	Celsius	Réaumur	Fahrenheit
^{0}	^{0}	^{0}	^{0}	^{0}	^{0}	^{0}	^{0}	^{0}
—15	—12	+ 5,0	+ 4	+ 3,2	+39,2	+23	+18,4	+73,4
—14	—11,2	+ 6,8	5	4,0	41,0	24	19,2	75,2
—13	—10,4	+ 8,6	6	4,8	42,8	25	20,0	77,0
—12	— 9,6	+10,4	7	5,6	44,6	26	20,8	78,8
—11	— 8,8	12,2	8	6,4	46,4	27	21,6	80,6
—10	— 8,0	14,0	9	7,2	48,2	28	22,4	82,4
— 9	— 7,2	15,8	10	8,0	50,0	29	23,2	84,2
— 8	— 6,4	17,6	11	8,8	51,8	30	24,0	86,0
— 7	— 5,6	19,4	12	9,6	53,6	31	24,8	87,8
— 6	— 4,8	21,2	13	10,4	55,4	32	25,6	89,6
— 5	— 4,0	23,0	14	11,2	57,2	33	26,4	91,4
— 4	— 3,2	24,8	15	12,0	59,0	34	27,2	93,2
— 3	— 2,4	26,6	16	12,8	60,8	35	28,0	95,0
— 2	— 1,6	28,4	17	13,6	62,6	36	28,8	96,8
— 1	— 0,8	30,2	18	14,4	64,4	37	29,6	98,6
± 0	0	32,0	19	15,2	66,2	38	30,4	100,4
+ 1	+ 0,8	+33,8	20	16,0	68,0	39	31,2	102,2
2	1,6	35,6	21	16,8	69,8	40	32,0	104,0
3	2,4	37,4	22	17,6	71,6			

Heute hat man fast allgemein die Celsiusskala angenommen. Auch in England und Amerika beginnt man in der Wissenschaft und Technik mehr und mehr die Celsiusskala zu verwenden, und im folgenden soll nur noch von ihr die Rede sein.

Die Temperatur in Grad Celsius gibt also an, wieviel Grad ein Körper über oder unter dem Gefrierpunkt von Wasser liegt. Die Temperatur kann somit positiv oder negativ sein. Die physikalische Forschung steht nun auf Grund theoretischer Überlegungen und praktischer Versuchsergebnisse auf dem Standpunkt, daß es einen absoluten Nullpunkt gibt, dessen Temperatur mit keinem Mittel unterschritten werden kann. Bei dieser Temperatur sind alle Stoffe fest, auch Luft und andere noch schwerer verflüssigbare Gase. Dieser absolute Nullpunkt liegt bei —273° C.

Es ist nun für viele Zwecke der Physik vorteilhaft, wenn man die Temperatur von diesem absoluten Nullpunkt aus zählt. Dann liegt also der Gefrierpunkt von Wasser bei 273° und der Siedepunkt von Wasser bei 373°. Um stets sicher zu unterscheiden, welche Temperatur gemeint ist, bezeichnet man die absolute Temperatur mit T und die gewöhnliche, relative Temperatur mit t. Es ist also

$$T = t + 273°.$$

II. Der erste Hauptsatz der Thermodynamik[1].

Außer der Wärmeenergie gibt es noch eine Reihe anderer Energieformen, z. B. mechanische, elektrische, chemische Energie usw. Alle diese Energien werden in verschiedenen Maßen gemessen. Um sie miteinander vergleichen und ineinander umrechnen zu können, muß man untersuchen, ob, wieweit und in welchem Verhältnis sie sich untereinander umwandeln lassen. Nun gilt als oberstes Gesetz, daß keinerlei Energie aus nichts erzeugt werden kann und daß keine Energie verloren gehen kann. Es kann wohl mechanische Energie in elektrische und Wärmeenergie umgewandelt werden, oder umgekehrt, kurz es ist eine theoretisch unbeschränkte Umwandlungsmöglichkeit von einer Energieform in die andere vorhanden; niemals aber kann dabei Energie aus dem Nichts entstehen, bzw. verloren gehen. Interessant ist jedoch dabei, daß bei fast allen Umwandlungen ein Teil der Energie sich in Wärme umsetzt, die vielfach schwierig oder gar nicht in eine andere Energie zurückzuverwandeln ist.

Die bekannteste Einheit der mechanischen Energie ist die Pferdestärke oder kurz 1 PS. Die bekannteste Einheit der elektrischen Energie ist das Kilowatt kW. Bekanntlich ist 1 PS = 0,736 kW oder 1 kW = 1,36 PS. Die beiden eben genannten Größen stellen allerdings nach der strengen Auffassung der Physik

---

[1] Thermodynamik ist die Lehre von der Wechselwirkung zwischen Arbeit und Wärme.

nicht eine Energie, sondern eine Leistung dar. Um Energie, d. h. Arbeit zu erhalten, müssen sie noch mit der Zeit multipliziert werden. Wenn die Kraft von 1 PS eine Stunde lang gewirkt hat, so ist eine PS-Stunde (PSh) geleistet, ebenso spricht man von 1 kW-Stunde (kWh). Für diese Werte gelten natürlich die gleichen Verhältniszahlen, wie oben, d. h. 1 PSh = 0,736 kWh oder 1 kWh = 1,36 PSh.

Durch ausführliche Versuche und theoretische Überlegungen, die hier nicht näher angeführt werden können, sind nun die Verhältniszahlen zwischen mechanischer und elektrischer Energie einerseits und der Wärmeenergie andererseits festgestellt worden. Dabei hat sich ergeben, daß

1 PSh gleichwertig mit 632 kcal und dementsprechend
1 kWh   „   „   860 kcal sind.

Dies soll an einigen Beispielen veranschaulicht werden. Um 1 l Wasser = 1 kg Wasser von 14^0 aus zum Kochen zu bringen, d. h. um 86^0 zu erwärmen, sind nach Kap. I 86 kcal erforderlich. Um 10 l Wasser zum Kochen zu bringen, dementsprechend 860 kcal. Unter der Annahme, daß keine Wärmeverluste durch Abstrahlung entstehen, kann man also mit 1 kWh 10 l Wasser zum Kochen bringen. Praktisch verringert sich diese Zahl natürlich infolge der nicht zu vermeidenden Wärmeausstrahlung auf etwa 7—8 l.

Als weiteres Beispiel sei ein Elektromotor mit einer Leistung von 10 PS erwähnt. Es sei angenommen, daß dieser Motor einen Wirkungsgrad von 80% hat; d. h. 8 PS werden nutzbar in mechanische Energie umgewandelt, während 2 PS in Wärme umgewandelt werden und damit für die praktische Ausnutzung verloren gehen. Dieser Motor entwickelt in einer Stunde eine Wärmemenge von $2 \cdot 632$ kcal = 1264 kcal. Diese Wärmemenge wird bei einem luftgekühlten Motor vollständig von der Luft aufgenommen und bedingt eine entsprechende Temperaturerhöhung derselben.

Diese Verhältniszahlen sind unabänderliche Größen. Überall können wir beobachten, wie mechanische und elektrische Energie in Wärme umgewandelt werden. Stets sind hierfür die oben genannten Verhältniszahlen maßgebend. Man nennt die Zahlen daher das mechanische Wärmeäquivalent und den Satz von der Äquivalenz von Wärme und mechanischer Energie den ersten Hauptsatz der Thermodynamik.

Eine scheinbare Ausnahme von diesem Satz ergibt sich bei dem umgekehrten Prozeß, nämlich bei der Umwandlung von Wärme in mechanische Arbeit. Erzeugt man mit der Verbrennungswärme von Kohle Wasserdampf und mit diesem Dampf in einer Dampfmaschine oder Turbine mechanische oder elektrische Energie, so ist es niemals möglich, den vollen Betrag der aufgewendeten Wärmeenergie in eine andere Energieform umzuwandeln. Es kann immer nur ein gewisser Teil der Wärme in eine andere Energieform übergeführt werden. Der Rest der aufgewendeten Wärmeenergie wird eben wieder als Wärme abgeführt. Wie gesagt, ist dieser Vorgang nur eine scheinbare Ausnahme, denn es geht auch hierbei keine Energie verloren. Der nicht in eine andere Energieform umgewandelte Teil der Wärmeenergie bleibt eben Wärme. Ausführlich wird diese Erscheinung noch in einem der nächsten Kapitel behandelt werden.

III. Die Grundlagen der Kälteerzeugung.

Nach dem vorher Gesagten können wir folgendermaßen definieren: Die Kälteerzeugung besteht darin, daß einem Körper Wärme entzogen wird. Dies gilt jedoch mit einer wichtigen Einschränkung: Wenn ein heißer Körper sich auf die Temperatur der Umgebung abkühlt, so ist das keine Kälteerzeugung; denn dieser Vorgang tritt ja von selbst ein. Unter Kälteerzeugung verstehen wir nur Entziehung von Wärme bei einer Temperatur, die tiefer ist, als die der Umgebung.

Einer der günstigsten physikalischen Prozesse, um bei beliebigen, vorher festgesetzten Temperaturen Wärme zu entziehen, d. h. Wärme zu binden, ist die Verdampfung von Flüssigkeiten. Jedermann weiß, daß beispielsweise zur Verdampfung von Wasser große Wärmemengen erforderlich sind. Es ist leicht, 1 l Wasser zum Kochen zu bringen. Will man aber dieses Liter Wasser vollständig verdampfen, so dauert das bekanntlich noch sehr lange, d. h. es werden große Wärmemengen dazu benötigt. Beispielsweise sind, um 1 kg Wasser bei 100^0 zu verdampfen, 539 kcal erforderlich. Diese Zahl nennt man die Verdampfungswärme; sie ist für jede Flüssigkeit verschieden groß. Bei Wasser beträgt sie über 5 mal soviel, wie notwendig wäre, um das Wasser von 0^0 auf 100^0 zu bringen.

Nun kann man Wasser aber nicht nur bei 100^0 verdampfen, sondern auch bei beliebigen anderen Temperaturen. Im Dampfkessel eines Kraftwerkes wird es beispielsweise zwischen 200^0 und 300^0 verdampft, allerdings dann unter entsprechend höherem Drucke. Der normale Druck, der in unserer Umgebung herrscht, wird bekanntlich mit 1 at (Atmosphäre) bezeichnet. Das entspricht einem Druck von 1 kg pro cm^2. Der Druck, der in einem Dampfkessel herrscht, ist außerordentlich viel höher und schwankt etwa zwischen 10 und 40 at, ist teilweise sogar noch höher.

Umgekehrt kann man Wasser auch bei niedrigeren Temperaturen als 100^0 verdampfen. Man muß nur dann den Druck entsprechend geringer machen als 1 at. Bekannt ist, daß auf hohen Bergen das Wasser schon bei 90° oder noch weniger siedet. Das kommt daher, weil der Luftdruck hier schon viel geringer ist als 1 at. Man kann Wasser aber auch ebenso gut bei 20° verdampfen, d. h. bei 20° zum Sieden bringen. Man muß aber dann schon mit dem Druck bis auf 0,02 at heruntergehen. Ebenso kann man bei 0° und unter 0° verdampfen und auch Eis läßt sich direkt in Wasserdampf überführen. Daraus folgt, daß die Siedetemperatur um so geringer ist, je geringer der Druck ist und umgekehrt. Jedem Werte des Druckes entspricht eine ganz bestimmte Siedetemperatur.

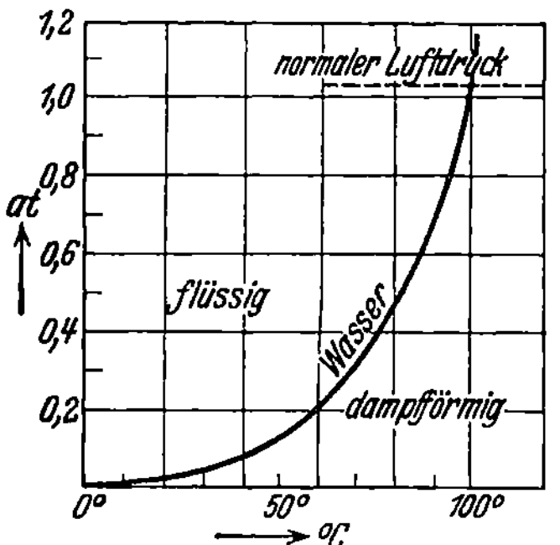

Abb. 1. Dampfdruckkurve von Wasser.

In der Abb. 1 ist beispielsweise die Siedekurve für Wasser im Bereich zwischen 0° und 100° dargestellt. Man erkennt daraus ohne weiteres den oben geschilderten Verlauf. Alles, was über dieser Kurve liegt, entspricht dem flüssigen Zustand und alles, was unter der Kurve liegt, dem dampfförmigen. Setzt man beispielsweise Wasser bei einer Temperatur von 60° einem Druck von 0,1 at aus, so liegt dieser Punkt in dem Bereich unterhalb der Siedekurve, d. h. das gesamte Wasser hat die Neigung, in Dampf überzugehen. Erhöht man dagegen den Druck auf 0,3 at, so liegt dieser Punkt oberhalb der Siedekurve, d. h. der gesamte Wasserdampf hat die Neigung, wieder in den flüssigen Zustand überzugehen, zu kondensieren. Die Siedepunktskurve ist daher die Grenzkurve zwischen dem flüssigen und dampfförmigen Zustand. Man bezeichnet sie auch allgemein als Dampfdruckkurve.

Im Prinzip kann man mit jeder Flüssigkeit Kälte erzeugen, und zwar dadurch, daß man sie durch richtige Bemessung des Druckes bei der gewünschten Temperatur verdampfen läßt. Für die praktische Durchbildung einer Kältemaschine kommen aber noch andere Gesichtspunkte in Frage, die beispielsweise Wasser für Haushaltkältemaschinen als wenig geeignet erscheinen lassen. Man wendet daher in der Kältetechnik andere Stoffe an, z. B. Ammoniak, Schwefeldioxyd, Methylchlorid, Äthylchlorid, Kohlensäure u. a.

Die Dampfdruckkurven dieser Stoffe verlaufen im Prinzip ganz ähnlich wie die von Wasser. Lediglich liegen die Siedepunkte erheblich niedriger. In Abb. 2 sind beispielsweise die Dampfdruckkurven einiger Kältemittel gezeigt. Spricht man vom Siedepunkt einer Flüssigkeit schlechthin, so versteht man darunter den Siedepunkt bei einem Druck von 1 at. So liegt der Siedepunkt von Ammoniak bei —33°, von Methylchlorid bei —24°, von Äthylchlorid bei + 12°, von Schwefeldioxyd bei — 10° usw. Man erkennt aus diesen Kurven folgendes:

Nehmen wir einmal die Kurve von Ammoniak, so ergibt sich daraus, daß wir, um es bei —10° verdampfen zu können, höchstens einen Druck von 3 at haben dürfen; um es bei 0° verdampfen zu können, dürfen wir höchstens einen Druck von 4,3 at haben. Umgekehrt

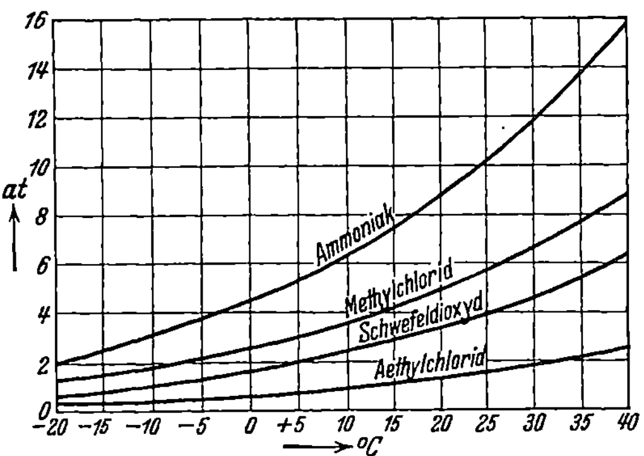

Abb. 2. Dampfdruckkurven verschiedener Kältemittel.

müssen wir, um Ammoniakdampf bei + 10° kondensieren zu können, mindestens einen Druck von 6,3 at haben; um es bei +30° kondensieren zu können, müssen wir mindestens einen Druck von 12 at haben usw. Man kann also stets durch eine richtige Bemessung des Druckes eine Flüssigkeit bei jeder gewünschten Temperatur verdampfen lassen und damit Kälte erzeugen. Wie groß dieser Druck höchstens sein darf, lehrt unmittelbar ein Blick auf die Dampfdruckkurve.

IV. Die verschiedenen Arten der Kälteerzeugung.

Eine Flüssigkeit braucht also Wärme, um zu verdampfen. Sorgt man dafür, daß der Druck über der Flüssigkeit genügend niedrig ist, so beginnt die Verdampfung von selbst, und die hierzu notwendige Wärme wird der Umgebung entzogen, d. h. die Umgebung wird gekühlt. Die einfachste Art der Kälteerzeugung ist die, daß man Wasser verdunsten läßt. Unter Verdunstung versteht man dabei eine durch Anwesenheit anderer Gase verzögerte Verdampfung. Bekannt ist, daß sich Wasser in porösen Tonkrügen besonders kühl hält. Das kommt daher, daß das Wasser durch die Wand hindurch den Tonkrug durchsetzt und an der

Außenfläche verdunstet. Sehr verbreitet sind beispielsweise die nach diesem System gebauten Butterkühler.

Man kann ein Gefäß auch dadurch kühlen, daß man es mit sehr feuchten Tüchern umhüllt und der Zugluft oder einem Ventilator aussetzt. Dem Laien kann man die Kälteerzeugung durch Verdampfung einer Flüssigkeit am besten dadurch deutlich machen, daß man darauf hinweist, daß der menschliche Körper, wenn er naß ist, ein recht intensives Kältegefühl erfährt. Besonders stark ist die Kältewirkung dann, wenn man anstatt Wasser eine andere leicht verdunstende Flüssigkeit nimmt, wie z. B. Äther. Die örtliche Betäubung durch Äther beruht ja hauptsächlich darauf, daß die Nerven durch die große Kältewirkung unempfindlich gemacht werden.

Die Kühlung durch verdunstendes Wasser ist jedoch für eine systematische Kühlhaltung von Lebensmitteln nicht ausreichend. Aus einem später noch näher zu erläuternden Grunde erreicht man damit nur verhältnismäßig geringe Temperaturabsenkungen, und auch das nur dann, wenn die Luft ziemlich trocken ist. Bei feuchter Luft versagt diese Methode der Kühlhaltung vollständig.

Die geringsten Betriebskosten verursacht eine Kälteanlage dann, wenn das verdampfte Kältemittel wieder zurückgewonnen werden kann. So hat sich denn auch diese spezielle Kältemaschinenart sehr weitgehend durchgesetzt. Das Kältemittel wieder zurückgewinnen heißt, es an einer anderen Stelle wieder kondensieren, d. h. das verdampfte Kältemittel wieder zu Flüssigkeit verdichten. Da nun bei der Kondensation, umgekehrt wie bei der Verdampfung, große Wärmemengen frei werden, so kann man dieselbe nicht in dem zu kühlenden Raum vornehmen, sondern muß sie außerhalb des Kühlraumes bei entsprechend höherem Drucke vor sich gehen lassen. Die dabei entwickelte Wärme muß abgeführt werden, damit stets neues Kältemittel kondensiert werden kann. Diese Wärmeabführung erreicht man entweder durch fließendes Kühlwasser oder durch bewegte Luft.

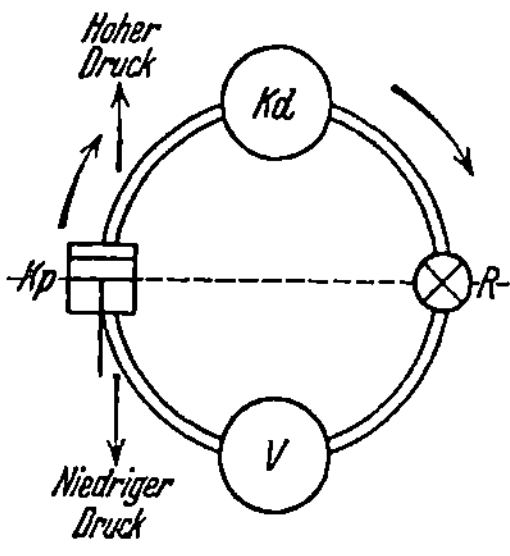

Abb. 3. Vereinfachtes Schema einer Kompressionskältemaschine.

Ein vereinfachtes Schema einer derartigen Kältemaschine zeigt Abb. 3. Hier bedeutet V den Verdampfer und Kd den Kondensator. Dazwischen liegt ein Kompressor Kp, der die Aufgabe hat, das bei niedrigem Druck verdampfte Kältemittel auf den hohen Druck zu bringen, bei dem es im Kondensator wieder kondensieren kann. Das flüssige Kältemittel fließt dann über R

wieder dem Verdampfer zu. R ist ein sog. Reduzierventil und hat die Aufgabe, die unter hohem Druck stehende Flüssigkeit wieder auf den niedrigen Verdampferdruck zu entspannen. Man nennt eine derartige Anlage eine Kompressionskältemaschine.

Die Wärme, die das flüssige Kältemittel zum Verdampfen braucht, nimmt es der nächsten Umgebung fort, d. h. es wird zunächst einmal das noch flüssige Kältemittel selbst heruntergekühlt, dann die Wandung des Verdampfers, dann die Luft, die außen am Verdampfer vorbei streicht usw. Der Raum, der gekühlt werden soll, wird durch Wände mit schlecht wärmeleitenden Stoffen von der Umgebung getrennt. Der Verdampfer muß also stets im Kühlraum liegen oder wenigstens mit dem Kühlraum in wärmeleitender Verbindung stehen. Naturgemäß ist die Wärmeisolation des Kühlraumes nicht vollständig, d. h. es dringt durch die Wände dauernd eine gewisse Wärmemenge ein. Außerdem wird durch das Kühlgut, d. h. durch die in den Kühlraum eingebrachten Lebensmittel Wärme in den Kühlraum hineingebracht. Alle diese Wärme wird dem Verdampfer zugeführt und durch das verdampfende Kältemittel aus dem Kühlschrank herausgebracht.

Bei der Kondensation von Dampf wird umgekehrt eine gewisse Wärmemenge, die sog. Kondensationswärme, frei, und zwar ist diese Kondensationswärme bei gleicher Temperatur genau so groß wie die Verdampfungswärme. Wird also 1 kg Wasserdampf bei 100° kondensiert, so werden dabei auch 539 kcal frei. Soll nun im Kondensator einer Kältemaschine dauernd eine bestimmte Menge Dampf kondensiert werden, so muß die Kondensationswärme abgeführt werden, denn sonst würde dieselbe eine Temperaturerhöhung verursachen, und dann könnte bei gleichem Druck der Dampf nicht mehr kondensiert werden, sondern nur noch bei höherem. Es ergibt sich also die Notwendigkeit, den Kondensator zu kühlen. Dies macht man entweder wie erwähnt durch fließendes Wasser oder durch Luft.

Man kann die Wirkung einer Kältemaschine auch so erklären, daß man sagt: Die mit Hilfe des Verdampfers aus dem Kühlraum herausgeholte Wärmemenge muß mit Hilfe des Kondensators wegbefördert werden. Als Zwischenträger dient das Kältemittel. Um den Prozeß stetig weiterlaufen zu lassen, muß man dauernd Energie in das System hineinstecken.

Bei der Kompressionskältemaschine wird diese Energie in Form von mechanischer, bzw. elektrischer Energie dem Kompressor zugeführt. Das Kältemittel durchläuft dabei einen geschlossenen Kreislauf, ohne verbraucht zu werden.

Eine weitere Möglichkeit, eine Kältemaschine zu betreiben, ist die Absorptionskältemaschine. Bei dieser wird die notwendige Energie nicht als mechanische Energie, sondern im wesentlichen als Wärmeenergie zugeführt. Man unterscheidet zwei verschiedene Bauweisen, nämlich die kontinuierliche und die periodische. Zunächst sei die kontinuierliche beschrieben.

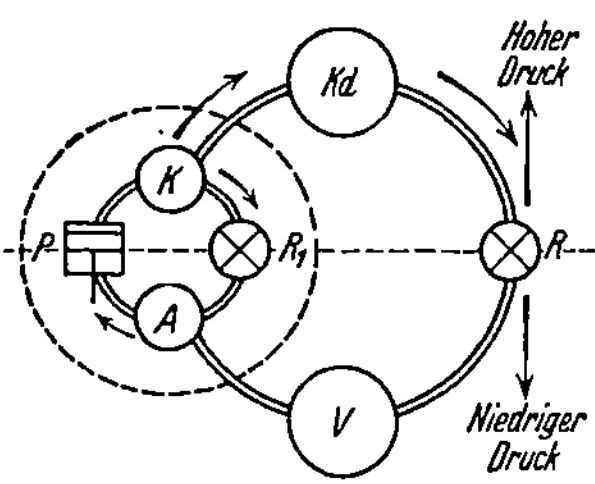

Abb. 4. Vereinfachtes Schema einer kontinuierlich arbeitenden Absorptionskältemaschine.

Ein vereinfachtes Schema sieht man in Abb. 4. Man sieht dort ebenso wie bei der Kompressionskältemaschine in Abb. 3 den Kondensator Kd, das Reduzierventil R und den Verdampfer V. Man benutzt für diese Art Maschinen meist Ammoniak. Anstatt nun das verdampfte Ammoniak von einem Kompressor ansaugen zu lassen, führt man es in den sog. Absorber A; das ist ein mit Wasser gefülltes Zwischengefäß. Das Ammoniak wird von dem Wasser begierig aufgesogen und die Wasser-Ammoniaklösung wird nun durch eine Pumpe P in den Kocher K gefördert. Dieser Kocher wird geheizt und durch Anwendung von Wärme wird das Ammoniak aus dem Wasser wieder ausgetrieben. Das dampfförmige Ammoniak geht dann in den Kondensator und führt den oben bereits beschriebenen Kreislauf zu Ende. Die im Kocher von Ammoniak weitgehend befreite Lösung, die sog. arme Lösung, geht nun über ein weiteres Reduzierventil R_1 wieder in den Absorber zurück, um sich von neuem mit Ammoniak anzureichern. Die Lösung beschreibt also zwischen dem Kocher und dem Absorber einen dauernden Kreislauf.

Man kann das System Kocher-Absorber einschl. Pumpe und Reduzierventil auch einen thermischen Kompressor nennen. Es ist in der Abb. 4 durch eine gestrichelte Kreislinie eingerahmt. Beim Eintritt in dieses System hat das Kältemittel den geringen Verdampferdruck, beim Austritt den hohen Kondensatordruck. Kocher und Kondensator haben denselben, nämlich den hohen Druck, und Absorber und Verdampfer haben gleichfalls denselben, aber niedrigen Druck. Das Gebiet des hohen Druckes ist in Abb. 3 und 4 durch die horizontale, gestrichelte Linie von dem Gebiet des niedrigen Druckes getrennt.

Die für die Pumpe notwendige mechanische Energie ist außerordentlich gering. Sie beträgt nur wenige Prozente der Energie, die der Kompressor einer gleichgroßen Kompressionskältemaschine verlangt. Alle übrige Energie wird in Form von Wärme zugeführt. Diese Maschinen sind besonders dort von Vorteil, wo billige Wärmequellen zur Verfügung stehen, beispielsweise Abdampf, Abgase oder Ähnliches. In dieser Form haben sie jedoch nur für größere Anlagen Verbreitung gefunden. Für den Haushalt eignet sich diese Anordnung wenig.

Für einen Haushaltkühlschrank ist eine kontinuierliche Kältemaschine der eben beschriebenen Bauart zu kompliziert und teuer; denn man braucht dazu eine mechanisch betriebene Pumpe, 2 Reduzierventile usw. Sie wäre also nicht einfacher als eine Kompressionskältemaschine.

Man kann aber für den Haushaltkühlschrank das Aggregat erheblich einfacher bauen und zwar nach Abb. 5 als periodische Maschine. Hier bedeutet $K—A$ den Kocher und Absorber. Kd ist der Kondensator und V der Verdampfer. Der Betrieb geht in der Weise vor sich, daß der Kocher, der ebenfalls eine Wasser-Ammoniaklösung enthält, geheizt wird und die aus der Lösung ausgetriebenen Ammoniakdämpfe im Kondensator bei hohem Druck kondensiert werden. Das kondensierte Ammoniak läuft dann in den Verdampfer und speichert sich dort auf. (Richtung des aus

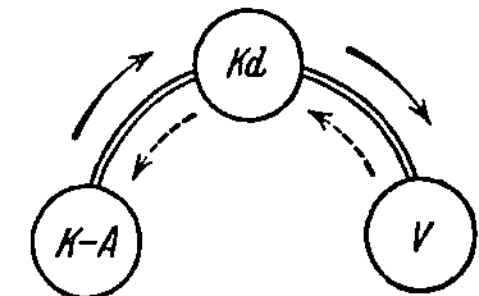

Abb. 5. Vereinfachtes Schema einer periodisch arbeitenden Absorptionskältemaschine.

gezogenen Pfeiles.) Ist aus dem Kocher genügend Ammoniak ausgedampft, dann stellt man die Heizung ab und läßt den Kocher abkühlen. Wenn derselbe genügend abgekühlt und damit der Druck wieder genügend niedrig geworden ist, ist der Kocher in der Lage, von neuem Ammoniakdampf zu absorbieren. Das im Verdampfer angesammelte Ammoniak verdampft also und wird vom Absorber absorbiert, wobei Druck und Temperatur allmählich sinken. (Richtung des gestrichelten Pfeiles.) Dieser Vorgang geht solange, bis alles Ammoniak verdampft ist und der Kochprozeß von neuem eingeleitet wird.

Man erkennt daraus, daß sich hier stets eine Heiz- und eine Kühlperiode abwechseln. Die Heizperiode dauert im allgemeinen nur 2—4 Stunden, während die Kühlperiode sich etwa über 20 Stunden erstreckt. Man ersieht aus der Abb. 5, daß der Aufbau dieser Maschine außerordentlich einfach ist, daß beispielsweise Ventile und bewegte Teile ganz vermieden sind. Für die gebräuchliche Wasser-Ammoniakmaschine kommen bei der praktischen Ausführung allerdings noch verschiedene Teile dazu; vor allem die Kühlung des Kondensators und Absorbers durch Kühlwasser. Während der Heizperiode muß der Kondensator gekühlt und während der Kühlperiode der Absorber gekühlt werden. Das Kühlwasser muß also nach jeder Periode umgeleitet werden. Man ersieht hieraus bereits, daß ein voll-automatischer Kühlschrank ziemliche Schwierigkeiten bietet. Auf die Einzelkonstruktionen wird später noch besonders eingegangen werden.

Der Vollständigkeit halber seien noch andere Methoden der Kälteerzeugung erwähnt. Die verbreitetste Kühlung ist heutzutage noch die Kühlung durch Eis. 1 kg Eis verbraucht zum Schmelzen 80 kcal. Man kann also mit Eis ziemlich kräftige Kühlwirkungen erzielen. Ein gut durchkonstruierter Eisschrank ist auch durchaus in der Lage, die meisten Bedürfnisse eines Haushaltes zu befriedigen. Allerdings ist die Kühlhaltung stets abhängig von der rechtzeitigen Eisanlieferung und die erreichten Temperaturen sind meist nicht so niedrig wie im elektrischen Kühlschrank.

Statt des gewöhnlichen Eises verwendet man in letzter Zeit auch Kohlensäureeis. Dies ist nichts anderes als gefrorene Kohlensäure. Sie hat eine Temperatur von etwa —80°. Das besondere beim Kohlensäureeis ist, daß es nicht schmilzt, also in den flüssigen Zustand übergeht, sondern direkt verdampft, d. h. also, daß es vom festen sofort in den dampfförmigen Zustand übergeht. Dies ist für viele Zwecke ein erheblicher Vorteil, vor allem für den Transport leicht verderblicher Lebensmittel. Ein weiterer Vorteil gegenüber dem gewöhnlichen Eis ist die tiefere Temperatur, die es vor allem gestattet, Kristall- und Speiseeis für Genußzwecke herzustellen. 1 kg Kohlensäureeis benötigt zum Verdampfen etwa 130 kcal, so daß also pro Kilogramm mehr Kälteleistung aufgespeichert werden kann als beim gewöhnlichen Eis. Der Preis des Kohlensäureeises ist allerdings ganz erheblich höher als der des Wassereises, so daß seine Verwendung vorläufig auf Spezialzwecke beschränkt bleiben wird.

Mit der Kühlung durch Eis sind wir zu den sog. Verschleißprozessen gekommen, d. h. der Stoff, der einmal Kälte geleistet hat, wird verbraucht und nicht wieder zurückgewonnen. Hier ist außerdem der Vollständigkeit halber zu erwähnen die Verdampfung von alkoholähnlichen Flüssigkeiten. Die Anordnung wird dabei beispielsweise so getroffen, daß durch eine kleine Wasserstrahlpumpe in dem Verdampfungsgefäß ein bestimmter Unterdruck erzeugt wird, bei dem das Kältemittel verdampfen kann. Die Dämpfe werden von der Wasserstrahlpumpe angesaugt und mit dem Wasser zusammen fortgeleitet. Doch hat sich diese Methode der Kälteerzeugung praktisch nicht durchsetzen können, weil eben die Betriebskosten zu hoch werden. Bei der Verdampfung von 1 kg Alkohol o. ä. gewinnt man etwa 200 kcal. Dies ist im Verhältnis zu den hohen Kosten des Kältemittels sehr wenig.

Kälte dadurch zu erzeugen, daß man Wasser in die Atmosphäre hinein verdunsten läßt, scheitert leider daran, daß die erreichbaren Temperaturen nicht tief genug sind, weil in der Luft stets schon Wasserdampf vorhanden ist und dessen Druck so hoch ist, daß keine tieferen Temperaturen möglich sind.

Eine weitere Art der Kälteerzeugung stellen die sog. Kältemischungen dar. Mischt man beispielsweise Wasser oder Schnee mit verschiedenen Salzen oder Säuren, so erreicht man unter Umständen recht erhebliche Temperaturabsenkungen, die unter 0° führen. Am bekanntesten ist die Mischung von Schnee oder Eis mit Kochsalz, bei der man eine Temperatur von etwa —20° erreicht. Diese Methode wird ja hauptsächlich zur Speiseeiserzeugung in den Haushalteismaschinen angewendet. Abgesehen aber von diesen Sonderzwecken haben alle diese Kältemischungen für die Kühlung von Schränken keinerlei Verwendung gefunden, hauptsächlich deshalb, weil dieses Verfahren auf die Dauer zu teuer und vor allem zu umständlich wird.

V. Der zweite Hauptsatz der Thermodynamik.

Es ist vorher bereits betont worden, daß bei der Umwandlung von Wärme in eine andere Energieform, z. B. mechanische oder elektrische Energie, nicht die gesamte Wärmemenge umgewandelt werden kann. Ein Teil der Wärme muß wieder als Wärme bei tiefer Temperatur abgeführt werden. Der umwandelbare Teil ist nun um so größer, je größer die Temperaturspanne zwischen dem warmen Körper und der Umgebung ist. Ein Beispiel möge dies veranschaulichen: In eine Dampfmaschine werde Dampf von 200° eingeführt. Dieser Dampf werde dann bis auf 100° abgekühlt und ins Freie ausgestoßen. Die Temperaturdifferenz, die also zur Energieerzeugung ausgenutzt wird, beträgt 100°.

Der Teil, der höchstens in mechanische Energie umgewandelt werden kann, beträgt nach den Gesetzen der Physik

$$\frac{T_1 - T_2}{T_1} \text{ von der Gesamtenergie.}$$

Hierin ist die T_1 die hohe Temperatur, bei der die Wärme zugeführt wird und T_2 die niedrige Temperatur, bei der die Wärme abgeführt wird. Wir wollen diesen Wert einmal für das oben gegebene Beispiel ausrechnen. T ist bekanntlich die absolute Temperatur, die sich ergibt, wenn man zu der gewöhnlichen Temperatur 273° addiert. Es wird also

$$\frac{T_1 - T_2}{T_1} = \frac{473 - 373}{473} = 0{,}212,$$

d. h. also, bei einer derartigen Maschine lassen sich höchstens 21,2% der gesamten Wärmeenergie in mechanische Energie umwandeln. In Wirklichkeit ist diese Zahl infolge der verschiedenen Verluste noch erheblich kleiner.

Der Wert $\frac{T_1 - T_2}{T_1}$ ist immer kleiner als 1. Man ersieht aber daraus, daß es günstig ist, mit sehr hohen Temperaturdifferenzen zu arbeiten. Daher kommt es, daß man bei allen Dampfkraftmaschinen nach sehr hohen Anfangstemperaturen und damit sehr hohen Anfangsdrücken strebt. Denn der Druck ist bekanntlich um so höher, je höher die Temperatur ist. Eine moderne Dampfkraftanlage arbeitet beispielsweise mit ca. 30 at Anfangsdruck, d. h. etwa 240°. Die untere Temperatur, bei der die Wärme wieder abgeführt wird, beträgt etwa 40°. Damit ergibt sich als maximaler Ausnutzungsfaktor $\frac{513 - 313}{513} = 0{,}39$. Der praktisch erreichte Ausnutzungsfaktor ist natürlich noch kleiner. Er beträgt nur etwa 0,2.

Den Faktor $\frac{T_1 - T_2}{T_1}$ nennt man auch den thermischen Wirkungsgrad. Die hierdurch beschränkte Umwandlungsfähigkeit von Wärme in mechanische Arbeit bildet den Inhalt des 2. Hauptsatzes der Thermodynamik. Man sieht auch daraus, daß es sich nicht lohnt, kleine Temperaturunterschiede zur Krafterzeugung auszunutzen, weil der Energiegewinn im Verhältnis zu den hohen Anlagekosten nur außerordentlich klein wäre.

Bei der Kälteerzeugung handelt es sich um den umgekehrten Vorgang. Es wird dabei mechanische Energie aufgewendet, um Wärme zu erzeugen, d. h. streng genommen, um Wärme bei einer tieferen Temperatur aufzunehmen und bei höherer Temperatur wieder abzuführen. Dementsprechend ist der Wirkungsgrad umgekehrt zu definieren. Man bezeichnet ihn hier als Leistungsziffer. Diese beträgt (dies gilt zunächst nur für Kompressionskältemaschinen) $\frac{T_0}{T_1 - T_0}$. Hierin bedeutet T_0 die Temperatur, bei der die Wärme entzogen, d. h. bei der die Kälte geleistet wird und T_1 die Temperatur, bei der die Wärme wieder abgeführt wird; oder man kann auch sagen: T_0 ist die Temperatur im Verdampfer und T_1 die Temperatur im Kondensator. Ein Beispiel möge dies veranschaulichen.

Verdampfertemperatur —10°, Kondensatortemperatur +20°. Dann ergibt sich $\frac{263}{293 - 263} = 8{,}75$. Es können also 8,75 kcal Kälte mit 1 kcal Arbeit erzeugt werden. Man sieht also, daß die theoretische Leistungs ziffer bei einer Kältemaschine stets höher ist als 1, wenigstens in dem für Kühlschränke in Frage kommenden Temperaturbereich. Man sieht ferner, daß die Leistungsziffer um so höher ist, je geringer die Temperaturdifferenz zwischen Verdampfer und Kondensator ist, und umgekehrt. Daraus folgt die für die gesamte Kältetechnik überaus wichtige Tatsache, daß der Wirkungsgrad einer Kälteanlage um so höher ist, je geringer die Temperaturdifferenz zwischen Verdampfer und Kondensator ist und umgekehrt. Diese Tatsache muß man sich stets vor Augen halten.

Wenn die eben berechnete Leistungsziffer einer Kälteanlage zu 8,75 ermittelt wurde, so ist dies natürlich nur ein theoretischer Wert. Die praktisch erreichten Werte sind erheblich geringer. So erreicht man beispielsweise bei einer sehr großen Kälteanlage mit Wasserkühlung eine Leistungsziffer von etwa 6, d. h. man kann mit 1 PSh etwa $6 \cdot 632$ kcal $=$ ungefähr 4000 kcal Kälte leisten. Bei kleineren Anlagen beträgt die Leistungsziffer nur etwa 2—3, bei wassergekühlten Haushaltschränken 1 oder etwas mehr und bei luftgekühlten Haushaltschränken geht die Leistungsziffer sogar unter 1 bis auf etwa 0,5 herunter.

Dies gilt zunächst nur für Kompressionskältemaschinen. Bei Absorptionskältemaschinen wird ja nicht mechanische Arbeit zur Kälteerzeugung verwendet, sondern Wärme. Wärme ist aber, wie wir vorher gesehen haben, nur zu einem verhältnismäßig kleinen Teil in andere Energieformen umzuwandeln. Dies gilt auch bei der Umwandlung von Wärme in Kälteenergie, um diesen nicht ganz korrekten Ausdruck einmal zu gebrauchen. Man muß also bei Absorptionsmaschinen die zuletzt genannte Leistungsziffer noch mit dem weiter oben genannten thermischen Wirkungsgrad, der immer unter 1 liegt, multiplizieren.

Der Inhalt des 2. Hauptsatzes noch einmal kurz zusammengefaßt ist folgender:

Die Umwandlung von Wärme in eine andere Energieform ist nur zu einem kleinen Teil möglich. Der thermische Wirkungsgrad, d. h. die Verhältniszahl liegt weit unter 1. Er ist um so kleiner, je kleiner die ausgenutzte Temperaturdifferenz ist.

Bei der Anwendung von mechanischer Energie zur Kälteerzeugung ist die Leistungsziffer allgemein größer als 1. Sie ist um so größer, je kleiner die Temperaturdifferenz ist.

Das ist kein Widerspruch mit dem Gesetz von der Erhaltung der Energie; denn die Wärme wird gewissermaßen nicht neu erzeugt, sondern nur von einer niederen Temperatur auf eine höhere Temperatur gehoben. Man kann also eine Kältemaschine auch als Wärmepumpe bezeichnen.

VI. Der Wärmeübergang.

Überall spielt bei der Erzeugung und Übertragung von Wärme bzw. Kälte der Wärmeübergang eine wesentliche Rolle. Da ein Verständnis aller dieser Vorgänge nur möglich ist, wenn man die Gesetze der Wärmeübertragung einigermaßen kennt, soll an dieser Stelle etwas näher darauf eingegangen werden.

Jedermann weiß aus Erfahrung, daß Wärme nur dann von einem Körper auf einen anderen übergeht, wenn zwischen beiden Körpern eine Temperaturdifferenz besteht. Es ist ferner bekannt, daß es Körper gibt, die die Wärme sehr gut leiten, vor allem die Metalle, und daß es Körper gibt, die die Wärme sehr schlecht leiten, z. B. Wolle, Gummi, Kork usw.

Die Wärmeübertragung kann auf drei verschiedene Arten erfolgen, 1. durch Strahlung; das ist also beispielsweise die Art der Wärmeübertragung, wie sie von der Sonne zur Erde erfolgt, oder wie sie von einer Glühlampe aus stattfindet. Der Wärmeübergang durch Strahlung spielt hauptsächlich bei hohen Temperaturen eine Rolle. Wir wollen sie daher an dieser Stelle nicht ausführlicher untersuchen.

Die 2. Art der Wärmeübertragung geschieht durch Leitung. Erwärmt man beispielsweise einen Metallstab an der einen Seite, so wird er nach einiger Zeit auch an der anderen Seite warm und zwar um so schneller und um so wärmer, je besser die Wärmeleitfähigkeit des Stabes ist. Die in der Zeiteinheit, beispielsweise pro Stunde, übergehende Wärmemenge ist um so größer, je größer die Fläche ist, durch die sie hindurchtritt und je größer der Temperaturunterschied zwischen Anfang und Ende ist. Sie ist jedoch um so kleiner, je größer die Länge des Körpers ist, d. h. je größer die Längsrichtung ist, in der der Wärmestrom fließt. Das ist beispielsweise beim Kühlschrank die Dicke der isolierten Wandung. Formelmäßig können wir das folgendermaßen ausdrücken:

$$Q = \frac{F \cdot t}{d} \lambda.$$

Hierin bedeutet Q die Wärmemenge, die pro Stunde vom wärmeren zum kälteren Teil übergeht, F die Fläche in m², t die Temperaturdifferenz in Grad Celsius, d die Dicke der Schicht in Meter und λ (Lamda) einen Faktor, der von dem verwendeten Material abhängt. Um einen Überblick über λ zu geben, seien für einige Stoffe folgende Werte genannt:

Kupfer. . .	330	Glas . . .	0,5—0,9
Aluminium	175	Mauerwerk	0,75
Eisen etw. .	35—50	Korkstein	0,035
Eis	1,5—2	Holz . . .	0,04—0,19.

Hieraus ersieht man die außerordentlich gute Leitfähigkeit der Metalle, vor allem von Kupfer. Korkstein dagegen leitet etwa 10000mal so schlecht. Wo es auf besonders gute Leitfähigkeit ankommt, wählt man daher Kupfer oder Aluminium, wo es auf besonders schlechte Leitfähigkeit ankommt, wenigstens in der Kühlschranktechnik, fast durchweg Korkstein.

Aus der obigen Formel geht hervor, daß die Wärmeleitung in einem Körper bzw. zwischen zwei Körpern gleich Null ist, wenn die Temperaturdifferenz zwischen beiden gleich Null ist. Obwohl diese Tatsache selbstverständlich und allgemein bekannt ist, muß sie hier nochmals scharf hervorgehoben werden. Überall, wo Wärmeübertragungen stattfinden, müssen entsprechende Temperaturdifferenzen bestehen. Und zwar müssen bei gleicher zu übertragender Wärmemenge die Temperaturunterschiede um so größer sein, je kleiner die Oberflächen sind, und umgekehrt. Der Körper, der Wärme an einen anderen abgeben soll, muß also stets wärmer sein als dieser andere Körper. Beispielsweise muß der Kondensator einer Kältemaschine wärmer sein als das Kühlwasser bzw. bei Luftkühlung die Außenluft. Die Speisen, die in einem Kühlschrank stehen, sind wärmer als die Luft im Kühlschrank, sonst geben sie keine Wärme ab, d. h. sonst werden sie nicht weiter gekühlt. Umgekehrt muß der Körper, der auf einen anderen Kälte übertragen soll, kälter sein als dieser andere Körper. Beispielsweise muß der Verdampfer in einem Kühlschrank kälter sein als die Luft im Kühlschrank, und zwar muß bei einer gegebenen Kälteleistung diese Temperaturdifferenz um so größer sein, je kleiner die Oberfläche des Verdampfers ist und umgekehrt.

Ein anderes Beispiel: Ein großes Stück Fleisch wird im Kühlschrank nur sehr langsam heruntergekühlt; denn seine Oberfläche ist im Verhältnis zu seinem Gewicht nur sehr klein. Infolgedessen kann die Wärme nur langsam übergehen. Will man also irgend etwas sehr schnell kühlen, so muß man ihm eine möglichst große Oberfläche geben.

Hiermit sind wir bereits zu der 3. Art der Wärmeübertragung gekommen, nämlich durch Konvektion. Wenn ein fester Körper an flüssiges oder gasförmiges Medium grenzt und es besteht zwischen beiden eine Temperaturdifferenz, so geht natürlich auch hier eine bestimmte Wärmemenge über. Diese Wärmeübertragung nennt man eine solche durch Konvektion, sobald das flüssige oder gasförmige Medium in Bewegung kommt. Auch diese Wärmeübertragung ist um so größer, je größer die Fläche und je größer die Temperaturdifferenz ist. Sie ist aber außerdem davon abhängig, ob die Wärmeübertragung an Flüssigkeiten oder an Gase erfolgt bzw. umgekehrt. Der Wärmeübergang an Flüssigkeiten ist verhältnismäßig groß, noch größer, wenn die Flüssigkeit in schneller Bewegung ist. Der Wärmeübergang an Gase dagegen ist bei Atmosphärendruck verhältnismäßig klein, steigt aber ziemlich stark, wenn die Gase eine große Geschwindigkeit haben. Der Wärmeübergang an sehr schnell strömende Gase ist aber immer noch nicht so groß wie an eine ruhende bzw. schwach bewegte Flüssigkeit. Jedermann weiß aus der täglichen Erfahrung, daß der menschliche Körper beispielsweise bei ruhender Luft eine sehr große Temperaturdifferenz vertragen kann, daß dagegen bei starkem Wind bei gleicher Temperaturdifferenz der Körper viel stärker durchgekühlt wird und daß der menschliche Körper im Wasser nur sehr geringe Temperaturdifferenzen vertragen kann.

Ein weiteres Beispiel: Stellt man eine Flasche in kaltes Wasser, so wird sie viel schneller gekühlt, als wenn man sie in kalte Luft stellt. Faßt man mit der Hand in kochendes Wasser, so wird man sich unfehlbar verbrühen, dagegen kann man ohne weiteres längere Zeit die Hand in heiße Luft von etwa 100° halten.

Um einen Überblick über die beim Betriebe von Kühlschränken auftretenden Temperaturdifferenzen zu gewinnen, sei auf Abb. 6 verwiesen. Man sieht dort einen Schnitt durch einen Kühlschrank mit eingezeichneten Temperaturen und erkennt, daß das Kältemittel in den Verdampferschlangen eine Temperatur von —10° hat. Die Verdampferschlange selbst hat etwa —7°, die um die Verdampferschlange liegende Sole —4°, die Wandung des Solekessels —2°, die Luft im Kühlraum +3°, eine auf dem Rost stehende Speise +5°,die Innenwand des Kühlschranks +4°,

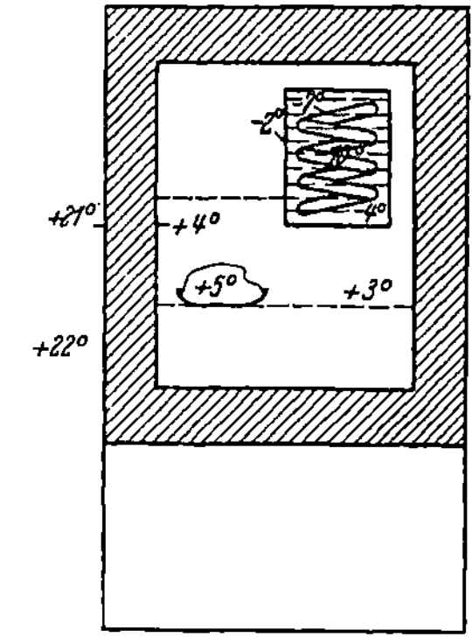

Abb. 6. Beispiel einer Temperaturverteilung im Kühlschrank.

die Außenwand des Kühlschrankes +21° und die Außenluft um den Kühlschrank +22°. Es sind dies willkürlich gewählte Verhältnisse, wie sie ohne weiteres auftreten können. Sie zeigen, daß überall Temperaturdifferenzen notwendig sind, um Wärmemengen, bzw. Kältemengen zu übertragen. Es ist von besonderer Wichtigkeit, daß man sich über diese Tatsache vollständig klar wird.

B. Die praktische Durchbildung der Kühlschränke.

VII. Die Durchbildung der einzelnen Teile der Kompressormaschinen.

In Abb. 3 ist eine schematische Darstellung einer Kompressormaschine einfachster Bauart gezeichnet. In Wirklichkeit kommen bei der praktischen Ausführung natürlich noch einige Teile dazu. Die Abb. 7 zeigt nun eine schematische Darstellung einer betriebsfähigen Maschine. An Hand dieser Abbildung sollen die wichtigsten Einzelteile besprochen und erläutert werden.

Der Kompressor ist in den meisten Fällen ein Kolbenkompressor, einfach oder doppelt wirkend. Die Wirkungsweise eines derartigen Kolbenkompressors darf im wesentlichen als bekannt vorausgesetzt werden. Bei dem einen Kolbenhube wird das dampfförmige Kältemittel angesaugt und beim nächsten Hube auf den notwendigen Druck verdichtet und dann durch ein Ventil in die Druckleitung zum Kondensator hineingeschoben. Bei kleineren Kühlschränken verwendet man Einzylinderkompressoren, bei den größeren Typen wegen des gleichmäßigeren und ruhigeren Laufes vielfach Zweizylinderkompressoren. Die Tourenzahl des Kompressors wird im Durchschnitt zu etwa 300—400 pro Minute gewählt.

Bei der Kompression werden Gase bekanntlich stark erhitzt, deshalb muß der Kompressor wenigstens in mäßigem Umfange gekühlt werden. Meistens wird der Kompressor daher mit Rippen versehen. Die Schmierung des Kompressors geschieht durch Öl.

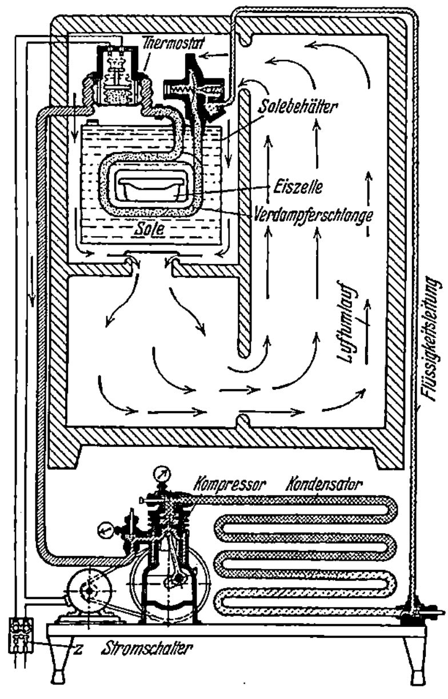

Abb. 7. Schematische Darstellung eines Kompressorkühlschrankes [1].

Das reichlich vorgesehene Schmieröl füllt im allgemeinen den unteren Kurbelkasten an. Ein geringer Teil des Öles verdampft oder wird auch in Nebelform mit dem verdichteten Kältemittel mitgerissen. Dieses Öl kann entweder den ganzen Kreislauf durch die Maschine mitmachen. Man muß dann dafür sorgen, daß es sich nicht an einer toten Stelle in der Leitung absetzen kann, beispielsweise im Verdampfer, und sich dann so anhäuft, daß der weitere Betrieb der Maschine unmöglich wird. Man kann aber auch hinter dem Kompressor einen besonderen Ölabscheider anordnen, der Kältemittel und Öl trennt und das Öl in den Kompressor zurückdrückt.

Ein wichtiger Punkt bei allen Kompressoren ist die S t o p f - b ü c h s e. Die Kurbelwelle muß durch das Gehäuse des Kompressors hindurchgeführt werden, weil außen die Riemenscheibe

[1] P l a n k: Haushaltkältemaschinen, Berlin: Julius Springer 1928

sitzt, die vom Motor angetrieben wird. Diese Stopfbüchse fällt nur bei den Kompressoren fort, bei denen der Motor, gegen außen vollkommen abgeschlossen, mit im Gehäuse sitzt. Wir werden derartige Konstruktionen später noch kennen lernen.

Eine spezielle Ausführungsform einer Stopfbüchse zeigt Abb. 8. Mit verschiedenen Variationen sieht man eine derartige „Membranstopfbüchse" heute vielfach. Ein fest mit der Achse verbundener Druckring a aus Graphitbronze wird mittels einer Spiralfeder c fest auf den Gegendruckring h gepreßt. Dieser Gegendruckring h ist mit einer fest angelöteten, balgartigen Membrane e versehen, die zusammen mit einer Dichtung g unter der Gegendruckplatte d festgeklemmt ist. Der Druckring a rotiert, während der Gegendruckring h mit der Membran feststeht; a und h laufen also aufeinander. Die Flächen, die auf-

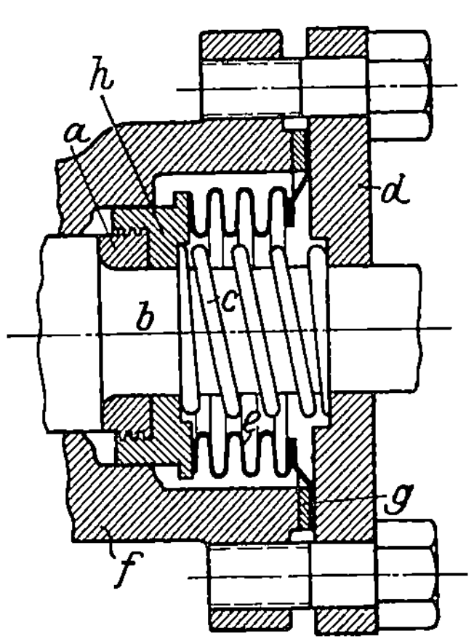

Abb. 8. Stopfbüchse zur Abdichtung von Kompressorwellen [1].

einander laufen, sind eben und nicht zylinderförmig. Das ist der große Vorteil dieser Ausführung. Denn, wenn sich hier das Material etwas abnutzt, sagen wir mal um $^1/_{10}$ mm, so preßt die Spiralfeder c sofort nach, so daß keine Undichtigkeit entstehen kann.

Die Stopfbüchse ist eines der wichtigsten Teile in der Maschine. Von ihrem einwandfreien Betrieb hängt alles ab. Denn sobald sie undicht ist, entweicht das Gas und die Kälteleistung hört bald ganz auf.

Der Kondensator hat, wie früher bereits erwähnt, die Aufgabe, das Kältemittel zu verflüssigen. Er kann diese Aufgabe nur erfüllen, wenn er mit genügend großer Oberfläche ausgeführt ist, um die bei der Kondensation entstehende Wärme abzuführen. Bei Kühlung durch fließendes Wasser braucht die Oberfläche nur verhältnismäßig gering zu sein, weil der Wärmeübergang zwischen Metall und Wasser sehr groß ist. Bei einem luftgekühlten Kondensator, wie er für die modernen Haushaltkühlschränke fast durchweg verwendet wird, muß die Oberfläche erheblich größer sein. Man verwendet für derartige luftgekühlte Kondensatoren entweder große Kupferschlangen, die insgesamt eine Länge bis zu 30 m haben können, oder auch mit Rippen versehene Eisenrohre, je

---

[1] P l a n k: Haushaltkältemaschinen.

nach dem verwendeten Kältemittel und dem zur Verfügung
stehenden Raum. Außerdem sieht man fast immer einen Ventilator vor, der die Luft mit großer Geschwindigkeit an den Konden-
satorrohren vorbeibläst. Diesen Ventilator setzt man fast durchweg
auf die Kompressor- oder Motorwelle, d. h. man vereinigt den
Ventilator mit der Antriebsriemenscheibe. Man kann im allgemeinen rechnen, daß der Kondensator einer luftgekühlten
Maschine auf etwa 10° über Raumtemperatur kommt. Diese
Temperaturdifferenz ist notwendig, um die Wärme an die Luft
abzuführen.

Aus den Dampfdruckkurven der Abb. 2 gehen die Drücke hervor, die mindestens im Kondensator herrschen müssen, um das
Kältemittel zu verflüssigen. Man ersieht daraus beispielsweise,
daß bei einer Raumtemperatur von 25° und einer entsprechenden
Kondensatortemperatur von 35° der Druck bei Verwendung von
Methylchlorid etwa 8 at betragen muß. Dieser Druck wird automatisch vom Kompressor erreicht; denn solange im Kondensator
noch nichts kondensiert, staut sich das Kältemittel auf, so daß
der Druck durch das neu hinzukommende Gas dauernd höher
wird. Erst wenn der Druck so hoch ist, daß alles zugeführte Kältemittel kondensiert werden kann, ist der Gleichgewichtszustand
erreicht.

Bleibt bei einem wassergekühlten Kondensator das Kühlwasser
aus, so kann nicht mehr die notwendige Wärme abgeführt werden.
Die Folge davon ist, daß die Temperatur dauernd steigt, ohne daß
das Kältemittel zur Kondensation kommt. Der Kompressor
fördert immer neues Gas in den Kondensator und damit steigt
der Druck und die Temperatur dauernd weiter. Es ist dann möglich, daß der Kondensator dieser Überbeanspruchung nicht mehr
gewachsen ist und an einer Stelle platzt. Damit können natürlich
sehr unliebsame Unfälle verbunden sein. Man muß daher bei
allen wassergekühlten Kondensatoren eine Sicherheitsvorrichtung
einbauen, die bei Ausbleiben des Kühlwassers den Motor sofort
abschaltet.

Bei Luftkühlung ist eine derartige Sicherheitsvorrichtung nicht
notwendig, da eben die Luft nicht ausbleiben kann. Selbst für den
außergewöhnlich unwahrscheinlichen Fall, daß der Ventilator
einmal versagen sollte (durch Bruch o. ä.), wäre die Kühlung durch
ruhende Luft immer noch genügend groß, um gefährliche Über-
drücke und Temperaturen zu vermeiden.

Vom Kondensator tritt das flüssige Kältemittel durch das
sog. Reduzierventil in den Verdampfer ein. Dieses Reduzierventil
ist ein wichtiges Teil im Kühlschrank; denn es hat die Aufgabe,

den hohen Kondensatordruck auf den niedrigen Verdampferdruck zu reduzieren. Es besteht im wesentlichen aus einer feinen Öffnung, deren Größe jedoch in bestimmten Grenzen geändert werden muß. Eine einmalige feste Einstellung dieses Ventils ist nicht möglich, da sowohl der Kondensator-, wie auch der Verdampferdruck sich dauernd ändern können. Der Kondensatordruck ist weitgehend abhängig von der Außentemperatur. Je höher die Außentemperatur, um so höher der Kondensatordruck und umgekehrt.

Der Verdampferdruck schwankt nicht so stark, aber immerhin auch in gewissen Grenzen. Es ist in einem der früheren Kapitel gezeigt worden, daß der Wirkungsgrad einer Kältemaschine um so höher liegt, je höher die Verdampfertemperatur ist. Man wird also darnach streben, die Verdampfertemperatur und damit den Verdampferdruck so hoch wie möglich zu halten. Andererseits muß die Verdampfertemperatur stets unter der gewünschten Schranktemperatur liegen, damit die geleistete Kälte an den Schrank übertragen werden kann, und zwar muß die Verdampfertemperatur etwa 5—10⁰ unter der Schranktemperatur liegen. Hierdurch ist der Verdampferdruck ziemlich eindeutig festgelegt. Würde er zu hoch sein, so würde der Schrank nicht auf genügend tiefe Temperaturen kommen; würde er zu niedrig, so wäre der Wirkungsgrad und damit der Stromverbrauch zu ungünstig. Da die Schranktemperatur um etwa 2—3⁰ schwankt, bei Einbringen von größeren Mengen warmen Kühlgutes aber noch stärker schwanken kann und außerdem die Kälteleistung mit der Außentemperatur sich ändert, so schwankt also der günstigste Verdampferdruck in gewissen Grenzen. Bei großen Kühlanlagen wird dasReduzierventil durch geschulte Monteure von Hand gestellt. Das ist natürlich bei einem Haushaltkühlschrank nicht möglich. Es gibt verschiedene Lösungen, die Steuerung dieses Reduzierventils selbsttätig zu machen.

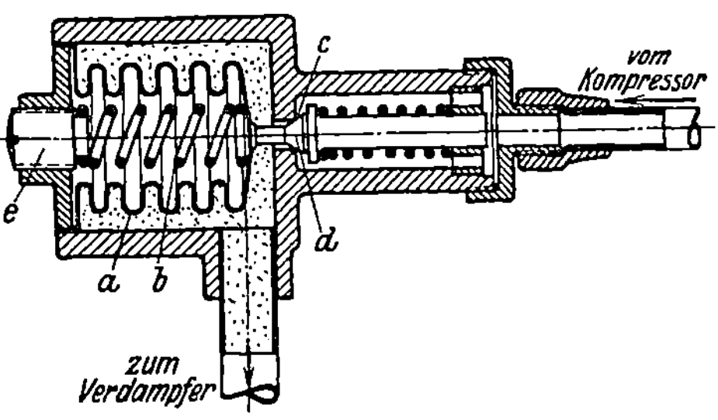

Abb. 9. Membranregulierventil.

Die erste Möglichkeit ist die in Abb. 9 dargestellte Einrichtung. Eine elastische Membrane a steht unter dem Druck des Verdampfers; durch eine Feder b wird ihr das Gleichgewicht gehalten. Das Kältemittel kommt in Richtung des Pfeils vom Kompressor und tritt durch die feine Öffnung c zum

Verdampfer über. Hierdurch erfolgt die gewünschte Druckverminderung. Steigt nun aus irgendeinem Grunde der Verdampferdruck, beispielsweise dadurch, daß die Öffnung zu groß wird und zuviel Kältemittel hereinkommt, dann wird durch diesen höheren Druck die Membrane zusammengedrückt, und dadurch schließt der Ventilkegel d die Öffnung c wieder weiter zu. Tritt umgekehrt ein zu tiefer Verdampferdruck auf, beispielsweise dadurch, daß die feine Öffnung sich zugesetzt hat, so drückt sich die

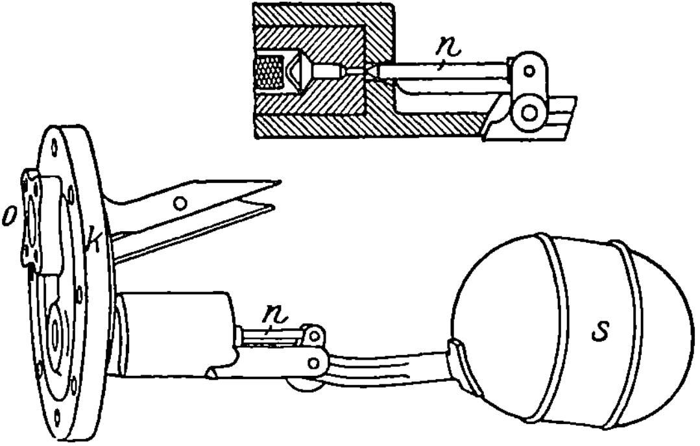

Abb. 10. Schwimmerregulierventil [1].

Membrane, von der Feder nachgeschoben, auseinander und öffnet damit wieder gewaltsam das Ventil. Auf diese Weise wird ziemlich gleichmäßig derselbe Verdampferdruck unabhängig von den verschiedenen Betriebszuständen aufrecht erhalten.

Eine grundsätzlich andere Art der Regelung zeigt Abb. 10, nämlich die Regelung durch ein Schwimmerventil. Diese Art hat sich bei sehr vielen Haushaltkühlschränken eingebürgert. Sie besteht darin, daß im Verdampfer stets ein bestimmter Flüssigkeitsspiegel aufrecht erhalten wird. Die Zuleitung vom Kondensator ist durch ein feines Ventil n verschlossen und wird von dem Schwimmer s erst wieder geöffnet, wenn der Flüssigkeitsspiegel unter einen gewissen Stand gesunken ist. Hier stellt sich der richtige Verdampferdruck vollständig automatisch ein; denn es wird ja nur soviel neues Kältemittel zugelassen, als verdampft. Die Reduzierventile der verschiedenen Kühlschranktypen sind fast alle auf eine dieser beiden Grundformen zurückzuführen.

Für den Verdampfer gibt es ebenfalls eine Reihe verschiedener Bauarten. Im einfachsten Falle hat man ein großes Gefäß. Vielfach hat man aber auch nach Abb. 11 ein Gefäß, von dem einzelne Röhren abzweigen. Die Röhren füllen sich mit Flüssigkeit; da sie

---

[1] Plank: Haushaltkältemaschinen.

der Raumluft eine ziemlich große Oberfläche bieten, so findet in ihnen eine recht lebhafte Verdampfung statt. Kleine Dampfbläschen steigen nach oben und bringen dadurch die Flüssigkeit in lebhafte Wallung. Dies ist für eine gute Wärmeübertragung an die Wandungen sehr vorteilhaft.

Außerdem benutzt man auch als Verdampfer eine gewöhnliche Rohrschlange. Je nach dem benutzten Kälte- und Schmiermittel und der Art des Reduzierventils zieht man die eine oder andere Verdampferbauart vor. Manchmal schaltet man hinter den Verdampfer noch einen sog. Flüssigkeitsabscheider. Dies ist ein erweiterter Raum, der die Aufgabe hat, etwa unverdampft in Tropfenform mitgerissenes Kältemittel wieder abzuscheiden.

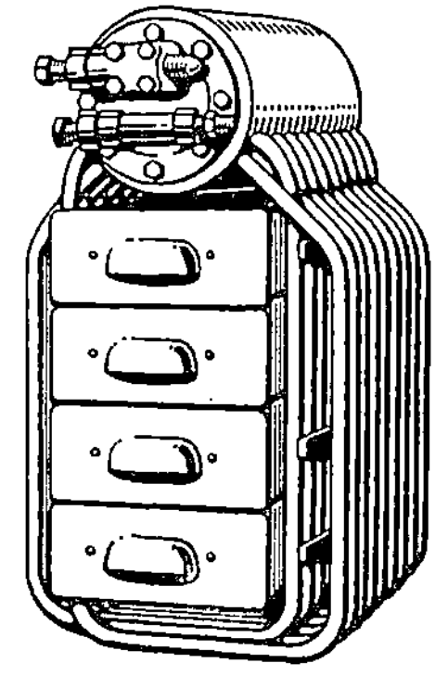

Abb. 11. Verdampfer eines Kompressorkühlschrankes.

Das verdampfte Kältemittel geht nun durch die Saugleitung wieder zum Kompressor und beginnt dort seinen Kreislauf von neuem. Zwischen Verdampfer und Kompressor ist meist ein Rückschlagventil angeordnet, das verhindert, daß bei Stillstand des Kompressors sich der hohe Druck der Kondensatorseite über den Kompressor hinweg in den Verdampfer fortpflanzt und vor allen Dingen, um zu vermeiden, daß durch die bestehende Druckdifferenz Schmiermittel usw. in den Verdampfer gelangt.

Man kann nun den Verdampfer unmittelbar in den Kühlraum hineinhängen. Man spricht dann von direkter Verdampfung. Man kann aber auch den Verdampfer in Sole legen und dieses Solegefäß dann im Kühlschrank anordnen. Man spricht dann von indirekter Verdampfung. Unter Sole versteht man eine Salzlösung, die erst bei sehr tiefen Temperaturen gefriert. Eine besonders geeignete Sole ist die „Reinhartin-Sole". Sie friert erst bei einer Temperatur von —51°. Für Haushaltkühlschränke verdünnt man sie allerdings, so daß der Gefrierpunkt entsprechend höher liegt, beispielsweise bei —20° bis —30°.

Bei einem Kühlschrank mit Sole fällt die Temperatur verhältnismäßig langsam ab, weil eben die Sole selbst noch mit herabgekühlt werden muß. Dementsprechend steigt aber die Temperatur auch nur langsam an, wenn das Aggregat abgeschaltet wird. Die Folge ist also, daß der automatische Regler den Motor nur selten ein- und ausschaltet, durchschnittlich alle 4—6 Stunden je einmal. Bei einem Kühlschrank ohne Sole ist die Kältespeicherung nur sehr gering. Der Regler schaltet also häufig ein und aus. In der Abb. 12 sieht man 2 Temperaturkurven, die obere von einem Schrank ohne Sole, die untere von einem Schrank mit Sole. Man sieht daraus deutlich, wie durch die Kältespeicherung die Ein- und Ausschaltzeiten gedehnt werden. Das bedeutet einen Vorteil der Sole, weil Motor und Schaltorgane erheblich weniger beansprucht werden. Ein weiterer Vorteil der Sole ist, daß der Motor in kühlen Nächten unter Umständen überhaupt nicht anspringt,

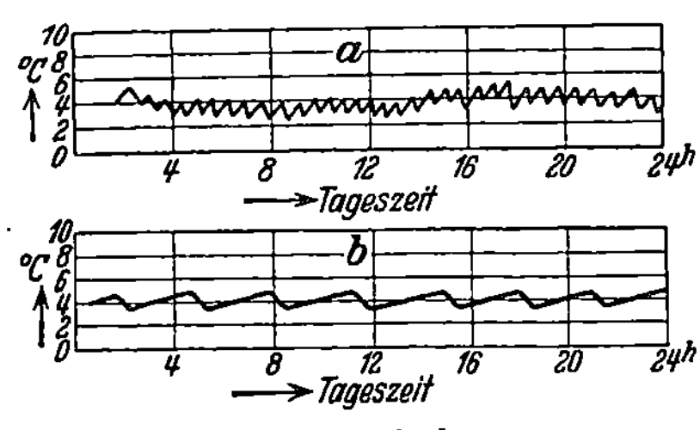

Abb. 12. Temperaturkurven von Kompressorkühlschränken. *a* ohne Sole, *b* mit Sole.

daß also der Besitzer des Schrankes durch das Geräusch des Anlaufes nicht gestört wird. Das Wichtigste aber ist, daß bei einem mehrstündigen Ausbleiben des elektrischen Stromes die Kühlschranktemperatur nicht unzulässig ansteigt. Derartige Störungen in der Stromzufuhr kommen in ländlichen Bezirken mit Freileitungsnetzen häufiger vor.

Diesen Vorteilen der Solekühlung stehen einige kleine Nachteile gegenüber. Durch die mehrfache Kälteübertragung von dem Verdampfer auf die Sole und von der Sole an den Schrank wird die Temperaturdifferenz zwischen Verdampfer und Schrankluft größer, der Energieverbrauch des Kühlschrankes also etwas höher. Soll aus irgend einem Grunde der Kühlschrank einmal schnell heruntergekühlt werden, so ist der Schrank ohne Sole günstiger, weil eben die Sole nicht mit heruntergekühlt zu werden braucht.

VIII. Die Eigenschaften der Kältemittel.

Wie bereits früher erwähnt, eignet sich an sich jedes Medium zur Kälteerzeugung, sofern es innerhalb des in Frage kommenden Temperaturbereiches verflüssigt und wieder verdampft werden kann. Es scheiden also zunächst einmal nur die Stoffe aus, die bei normaler Temperatur noch fest sind und die, die bei normaler Temperatur gasförmig sind und auch unter Anwendung höchster Drücke nicht verflüssigt werden können. Alle anderen Stoffe, also ungefähr diejenigen, deren Siedepunkte zwischen —100° und +100° liegen, kommen für eine praktische Verwendung in Frage. Je niedriger die Siedetemperatur ist, um so höher ist der Betriebsdruck; denn die Verflüssigungstemperatur ist ziemlich konstant;

sie liegt bei Wasserkühlung etwa bei $+25^0$ und bei Luftkühlung etwa bei $+30^0$ bis $+40^0$. Je höher nun der Druck ist, um so kleiner ist das Volumen des betreffenden Gases. Nun soll einerseits der Druck nicht zu hoch sein, weil sonst die Bauart zu teuer und zu gefährlich würde. Andererseits soll aber auch das Volumen nicht zu groß sein, weil sonst der Kompressor einen außerordentlich schlechten Wirkungsgrad erhielte. Deshalb kommen für Kompressionskühlschränke praktisch nur solche Stoffe in Frage, deren Siedepunkte zwischen -40^0 und $+15^0$ liegen.

Für die Entscheidung, ob ein Kältemittel in der Praxis brauchbar ist, müssen noch verschiedene andere Punkte berücksichtigt werden. Das Kältemittel soll beispielsweise nicht explosionsgefährlich sein, es soll nicht stark giftig sein, es soll sich chemisch inaktiv verhalten, d. h. es soll Metalle usw. nicht angreifen, es soll mit dem notwendigen Schmiermittel zusammen keine Veränderungen hervorrufen usw. Berücksichtigt man alle diese Gesichtspunkte, so stellt sich heraus, daß eigentlich nur folgende Kältemittel praktische Bedeutung haben: Ammoniak (NH_3), Methylchlorid (CH_3Cl), Schwefeldioxyd oder schweflige Säure (SO_2), Äthylchlorid (C_2H_5Cl) und Isobutan (C_4H_{10}).

Vom Standpunkt der Wirtschaftlichkeit aus gesehen, ist es ziemlich gleichgültig, welches Kältemittel man verwendet. In allen Fällen ist der theoretische Energieaufwand für eine bestimmte Leistung nahezu derselbe. Allerdings ist die Verdampfungswärme sehr verschieden. Sie beträgt beispielsweise für

	kcal pro kg
Ammoniak	302
Methylchlorid	97
Schwefeldioxyd (schweflige Säure) .	91
Äthylchlorid	96
Isobutan	93

Diese Werte gelten für eine Verdampfungstemperatur von 0^0 und sind bei höheren Temperaturen etwas niedriger und bei niedrigeren Temperaturen etwas höher. Von dieser Kälteleistung pro Kilogramm muß man nun zunächst einmal die Kälteleistung abziehen, die notwendig ist, um die betreffende Menge Kältemittel selbst von der Kondensationstemperatur, beispielsweise $+30^0$, auf die Verdampfungstemperatur, beispielsweise -10^0, herunter zu bringen. Hierzu sind bei Ammoniak 45 kcal pro Kilogramm erforderlich, bei Methylchlorid 15 kcal pro Kilogramm, bei schwefliger Säure 13 kcal pro Kilogramm und bei Äthylchlorid 17 kcal pro Kilogramm. Diese Werte muß man also zunächst von den oben genannten Zahlen abziehen; denn sie sind ja für die praktische Aus-

nutzung verloren. Daß trotz dieser großen Unterschiede in der
Verdampfungswärme der Wirkungsgrad bei allen Kältemitteln
ziemlich gleich ist, liegt daran, daß beispielsweise viel mehr Arbeit
notwendig ist, um 1 kg Ammoniak zu verflüssigen als 1 kg Methylchlorid usw.

In Abb. 2 sind die Dampfdruckkurven für die hauptsächlichsten
Kältemittel, Ammoniak, Methylchlorid, Schwefeldioxyd und
Äthylchlorid gezeichnet. Betrachtet man den Druck bei derselben
Temperatur, beispielsweise bei $+30^0$ C, so sieht man, daß Ammo-
niak den höchsten Druck hat und Äthylchlorid den niedrigsten
Druck. Für kleine Haushaltkühlschränke ist der Druck von
Ammoniak in Rücksicht auf die Stopfbüchse bereits unangenehm
hoch. Andererseits hat Äthylchlorid den Nachteil, daß auf der
Verdampferseite, also bei einer Verdampfertemperatur von -10^0,
der Druck bereits unter 1 at liegt, d. h. daß Unterdruck herrscht.
Infolgedessen kann bei undichter Stopfbüchse Luft in den Kreislauf eintreten. Auch bei Schwefeldioxyd kann bei sehr tiefen
Verdampfertemperaturen unter -10^0 ein kleiner Unterdruck auftreten, doch ist die Gefahr hier nicht groß. Aus diesen Gründen
verwendet man für Haushaltkühlschränke in überwiegendem
Maße Methylchlorid und Schwefeldioxyd.

Was die Explosionsfähigkeit betrifft, so kann Schwefeldioxyd
überhaupt nicht explodieren; denn unter Explosion versteht man
eine plötzliche Verbrennung, d. h. eine plötzliche Verbindung mit
Sauerstoff. Da aber Schwefeldioxyd bereits eine gesättigte Sauer-
stoffverbindung ist, kann hier eine Explosion nicht eintreten.
Die anderen Stoffe sind in gewissen, allerdings sehr engen Konzentrationen explosionsfähig. Es erscheint jedoch nach menschlichem
Ermessen ausgeschlossen, daß innerhalb der Maschine eine Explosion stattfindet, weil niemals soviel Luft eindringen kann, wie
zur Explosion nötig ist und vor allem, weil die Zündmöglichkeit fehlt.

Eine andere Möglichkeit wäre die, daß die Maschine undicht
wird, ein Teil des Gases in den Raum strömt und hier mit der
Raumluft ein explosionsfähiges Gemisch bildet. Doch muß das
Mischungsverhältnis zwischen Luft und Kältemittel einen ziemlich
bestimmten, eng begrenzten Wert haben, wenn eine Explosion
möglich sein soll. Es erscheint also auch in diesem Falle eine
Explosion als außerordentlich unwahrscheinlich. Es kommt dazu,
daß die Kältemittelmengen in einem Kühlschrank sehr gering sind
und bei Undichtwerden durch die natürliche Ventilation der
Räume sehr schnell nach außen abgeführt werden. Geringe Undichtigkeiten, bei denen das Kältemittel sehr langsam ausströmt,
machen sich überhaupt nicht bemerkbar.

Die verschiedenen Unglücksfälle durch Explosion von Kälteanlagen, die bekannt geworden sind, sind erstens nur in gewerblichen Anlagen aufgetreten, wo also große Kältemittelmengen zur
Verfügung stehen, und zweitens nur durch gleichzeitiges unvor-
sichtiges Hantieren mit Schweißapparaten oder ähnlichem.

Eine Abart dieser rein chemischen Explosion ist die mechanische Explosion, die entsteht, wenn infolge übermäßig hohen
Druckes das Material platzt und damit große Mengen Kältemittel
in den Raum strömen. Diese Gefahrmöglichkeit ist eigentlich nur
bei wassergekühlten Anlagen vorhanden, wenn nämlich das Kühlwasser ausbleibt und der Motor nicht abgestellt wird. Bei luftgekühlten Anlagen ist diese Gefahr praktisch ausgeschlossen.

Die Giftigkeit. Bis zu einem gewissen Grade ist natürlich
jedes Kältemittel für den menschlichen Körper gefährlich, selbst
wenn es an sich absolut ungiftig ist. Es kann nämlich aus der Luft
den unbedingt notwendigen Sauerstoff vertreiben und damit die
Atmung unterbinden. Ein wirklich gefahrloses Kältemittel gibt
es also, wenn man von Wasser und Luft absieht, nicht.

Von den bisher behandelten Kältemitteln ist wohl Schwefeldioxyd das giftigste. Es ergibt mit der Feuchtigkeit der Schleim-
häute zusammen schweflige Säure und zum Teil Schwefelsäure,
also einen überaus stark ätzenden Stoff, der die inneren Organe,
vor allem die Lunge, verbrennen kann. Andererseits hat aber
Schwefeldioxyd den Vorteil, daß es sich bereits in ganz geringen
Mengen durch seine starken Reizwirkungen bemerkbar macht.
Eine geringe Undichtigkeit eines Kühlaggregates würde man also
stets rechtzeitig merken, um eine entsprechende Lüftung des
Raumes vornehmen und sich selbst in Sicherheit bringen zu
können. Diese starke Reizwirkung tritt bereits bei sehr geringen
Mengen auf, die für die Gesundheit noch vollständig ungefährlich
sind. Eine ernstliche Gefahr würde nur dann bestehen, wenn ein
Mensch in einem abgeschlossenen Raum, in dem ein Kühlschrank
mit Schwefeldioxyd steht, schläft und wenn durch einen Riß ein
plötzlich starkes Entweichen von Kältemittel stattfinden würde.
Es bedarf also stets des Zusammenwirkens der verschiedensten
unglücklichen und unwahrscheinlichen Zufälle.

Ammoniak ist ebenfalls giftig, jedoch nicht in demselben
Maße wie Schwefeldioxyd. Ammoniak hat den außerordentlich
stechenden Geruch, der im Haushalt vom Salmiakgeist bekannt
ist. In größeren Mengen eingeatmet kann es ebenfalls Vergiftungs-
erscheinungen hervorrufen.

Methyl- und Äthylchlorid sind relativ wenig giftig, haben
jedoch den Nachteil, daß sie sich nur schwach durch den Geruch

bemerkbar machen und also längere Zeit eingeatmet werden können, ehe man ihre Einwirkung bemerkt. Neuerdings vermischt man Methylchlorid mit geringen Mengen sehr stark riechender ungefährlicher Stoffe, damit man auch kleinste Mengen schon durch den Geruch wahrnehmen kann.

Nach einer amerikanischen Untersuchung[1] verhalten sich die Dampfmengen, die beim Einatmen bis zu einer Stunde keine erheblichen Schädigungen hervorrufen, wie folgt:

Schwefeldioxyd .	1	Methylchlorid . .	60
Ammoniak . . .	2,5	Äthylchlorid . .	330

d. h. also erst die 60fache Menge Methylchlorid bringt die gleiche Schädigung hervor wie die einfache Menge Schwefeldioxyd.

Man darf aber nicht vergessen, daß bei Haushaltkühlschränken stets nur sehr geringe Mengen Kältemittel vorhanden sind. Sie betragen im allgemeinen nur 1—2 kg. Diese Menge ist fast niemals in der Lage, eine gefährliche Konzentration in einem Raum herbeizuführen, besonders da die ganze Kältemittelmenge 'niemals plötzlich in einigen Sekunden entweicht; dazu kommt noch, daß die an sich giftigeren Kältemittel wie Schwefeldioxyd und Ammoniak schon in den geringsten Konzentrationen eine sehr große Riechwirkung ausüben und den Menschen daher rechtzeitig warnen.

Aus alledem geht hervor, daß irgendeine Gefahr für den Besitzer eines Kühlschrankes nicht besteht. Jedenfalls sind die Gefahren desselben ganz erheblich geringer als die Gefahren von Leuchtgas. So hat denn auch die Praxis gezeigt, daß bisher praktisch keine Unglücksfälle in dieser Hinsicht bei Haushaltkühlschränken aufgetreten sind. Bei einigen in Amerika vorgekommenen Todesfällen im Haushalt handelt es sich stets um Fälle, wo in großen Mietshäusern mit hundert und mehr Wohnungen eine zentrale Kühlanlage im Keller aufgestellt und jede Wohnung mit einer Leitung hieran angeschlossen war. Bei einem derartigen System ist es natürlich möglich, daß bei einem plötzlichen Undichtwerden große Kältemittelmengen, bis zu 100 kg, frei werden und einem Menschen gefährlich werden können.

Die Frage, wieweit die genannten Kältemittel chemische Einwirkungen auf Metalle ausüben, ist ziemlich weitgehend untersucht worden. Man kann im allgemeinen sagen, daß die genannten Kältemittel außer Ammoniak gegen Eisen und Kupfer unempfindlich sind. Ammoniak dagegen greift Kupfer an und kann daher nur in Maschinen verwendet werden, die ganz aus Eisen bestehen. Eine Forderung, die bei Kompressormaschinen für alle Kälte-

---

[1] Plank: Zeitschrift für die gesamte Kälteindustrie, Dezember 1929, S. 234—238.

mittel unbedingt erfüllt werden muß, ist die vollkommene Wasser-
freiheit. Bevor das Aggregat gefüllt wird, muß man es sorgfältig
austrocknen, und dann muß man dafür sorgen, daß mit dem
Kältemittel und dem Schmiermittel keine Feuchtigkeit mehr in
das Aggregat hereinkommt; denn dieselbe würde bei Schwefeldioxyd beispielsweise Schwefelsäure ergeben und dann die Metall-
teile angreifen. Auch bei Methyl- und Äthylchlorid ergibt die
Anwesenheit von Feuchtigkeit Anlaß zu allerlei Rost und Zer-
störungserscheinungen, die über kurz oder lang ein Versagen der
Kältemaschinen herbeiführen.

Als Schmiermittel muß man für jedes der Kältemittel ein
besonderes Öl aussuchen. Hier hat jede Firma ihre besonderen
Erfahrungen, und es ist sehr wichtig, daß bei Reparaturen und
evtl. Nachfüllen stets nur das vorgeschriebene Schmiermittel verwendet wird; denn eine Störung der automatischen Schmierung
führt binnen kurzem eine Störung des ganzen Aggregates herbei.

IX. Die Durchbildung der Absorptionskältemaschinen.

Die meisten Typen von Absorptionskältemaschinen für Haushaltkühlschränke sind periodische. Sie sind entstanden aus dem
Wunsche, einen einfachen, billigen und betriebssicheren Kälte-
apparat zu schaffen. Ihr Hauptvorteil ist der, daß sie im allgemeinen keine beweg-
lichen Teile aufzuweisen
haben. Die Schwierig-
keiten der Schmierung
und der Abdichtung
rotierender Teile fallen
fort und damit eine
Reihe Störungsquellen.
Die Energiezuführung
erfolgt nur durch Hei-
zung; man ist also auch
in der Lage, billige
Energiequellen auszu-
nützen.

Das Schema einer
betriebsfähigen Ma-
schine zeigt Abb. 13.

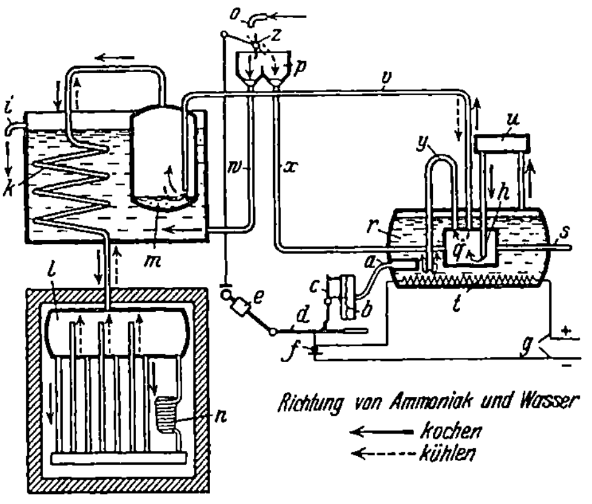

Abb. 13. Schematische Darstellung einer periodisch
arbeitenden Absorptionskältemaschine
mit Wasserkühlung[1].

Man sieht dort rechts den Kocher r, der durch ein elektrisches Heiz-
element t beheizt wird. Der aus dem Wasser ausgetriebene Ammoniakdampf geht über ein kleines Gasabscheidegefäß u durch die

---

[1] Plank: Haushaltkältemaschinen.

Rohrleitung v und den Flüssigkeitsabscheider m in die Kondensatorschlange k, die vollständig in einem Wasserbade liegt. Von
diesem Kondensator fließt das verflüssigte Kältemittel in den
Verdampfer l und sammelt sich dort an. Der Kondensator wird
durch fließendes Wasser gekühlt, und zwar sieht man den Zufluß o
des Kühlwassers oben in der Mitte durch die Rohrleitung w zu
dem Kondensatorbehälter. An dem Abflußhahn i fließt das
Kühlwasser wieder ab.

Wenn genügend Ammoniak ausgetrieben ist, so wird die Heizung abgeschaltet und das Kühlwasser umgeschaltet. Das Kühlwasser läuft dann durch die Leitung x durch den Kocher, der
hierdurch abgekühlt wird und nun als Absorber wirkt. Durch die
Abkühlung sinkt nämlich gleichzeitig der Druck in dem Apparat
sehr stark und zwar so weit, daß das flüssige Ammoniak bei der
gewünschten niedrigen Temperatur verdampfen kann. Das dampfförmige Kältemittel geht nun also rückwärts denselben Weg, den
es während der Heizperiode zurückgelegt hat. Es tritt jedoch nicht
über den Gasabscheider u in den Absorber, sondern durch das
U-förmig nach oben gebogene Rohr y. Dieses Rohr y führt den
Dampf unterhalb des Wasserspiegels ein, damit eine Durchwirbelung der Flüssigkeit und somit eine gute Absorption erzielt
wird. Die bei dem Absorptionsvorgang entstehende Wärme wird
durch das Kühlwasser abgeführt.

Bei dieser Wasserammoniakmaschine muß man besonders
darauf achten, daß möglichst kein Wasserdampf mit in den Verdampfer gelangt. Es ist nämlich nicht zu vermeiden, daß während
des Kochens gleichzeitig mit dem Ammoniak eine gewisse Menge
Wasser verdampft. Dieser Wasserdampf würde ebenfalls kondensieren und in den Verdampfer gehen, und nur schwer wieder zu
entfernen sein. Denn bei den niedrigen Verdampfertemperaturen
während der Kühlperiode verdampft nur das Ammoniak, nicht
aber das Wasser. Nach einiger Zeit wäre dann der Verdampfer
voll Wasser und damit die Maschine natürlich unwirksam. Um
dies zu verhindern, hat man verschiedene Wasserdampf-Abscheidegefäße angeordnet und zwar die Gefäße u und m. Trotzdem läßt
es sich nicht vollständig vermeiden, daß geringe Spuren von
Wasser in den Verdampfer gelangen.

Das ist unangenehm, und deshalb hat man durch verschiedenartige Maßnahmen mit mehr oder weniger Erfolg versucht, diesen
Übelstand zu beseitigen. Diese Maßnahmen beruhen meist darauf,
daß das Wasser durch eine besondere Saugleitung aus dem Verdampfer gesaugt und in den Kocher zurückbefördert wird. Eine
einfache Abhilfe des Übelstandes wäre auch, daß man den Ver-

dampfer durch eine geeignete Heizquelle alle paar Wochen einmal stark erwärmt und damit das Wasser aus dem Verdampfer heraus verdampft und in den Kocher zurücktreibt. Diese Maßnahmen will man jedoch im allgemeinen der Hausfrau nicht zumuten und hat daher, wie oben erwähnt, verschiedene andere Auswege gesucht, die hier jedoch nicht näher beschrieben werden können.

Würde die Kochperiode zu lange ausgedehnt, so würde zuletzt nur noch Wasser im Kocher verdampfen, da alles Ammoniak bereits ausgedampft ist. Würde die Wärmezufuhr noch längere Zeit weitergehen, so könnte unter Umständen ein übermäßig hoher Druck in der Apparatur entstehen und die Gefahr einer Explosion näher rücken. Diese Gefahr sucht man dadurch zu vermeiden, daß man den Kocher rechtzeitig automatisch abschaltet. In der Abb. 13 ist dies beispielsweise durch die in einem kleinen Kasten liegende Membrane b erreicht. Steigt die Temperatur im Kocher auf den noch zulässigen Wert, so wird die Luft in dem Rohr a ausgedehnt und hierdurch die Membrane nach links gedrückt. Dadurch wird der Hebel c betätigt, der Schalthebel d durch das Gewicht e herumgeworfen, damit der Kontakt f geöffnet und die Stromquelle unterbrochen. Das Gewicht e dreht durch ein Übersetzungsgestänge die Klappe z um etwa 45°, so daß das Kühlwasser nun nicht mehr durch den Kondensator, sondern durch den Kocher fließt. Beim Wiedereinschalten muß der Hebel d von Hand wieder betätigt werden. Man bezeichnet eine derartige Einrichtung als halbautomatisch.

Zur Kühlung des Kondensators und Absorbers einer derartigen Maschine muß fließendes Wasser vorhanden sein. Dies bedingt natürlich eine Komplizierung, die man nach Möglichkeit vermeiden möchte. Es scheint jedoch für das System Wasser-Ammoniak schlecht möglich zu sein, mit Luftkühlung auszukommen. Das hat folgende Gründe: Angenommen, der Kondensator würde mit Luft gekühlt, so wäre natürlich sein Druck höher als bei Wasserkühlung. Infolge des höheren Druckes kann aber aus dem Kocher nicht soviel Ammoniak ausgetrieben werden wie bei dem niedrigeren Drucke bei Wasserkühlung, wenn man nicht die Austreibungstemperatur übermäßig erhöhen will. Andererseits kann während der Kühlperiode der Absorber prozentual längst nicht so viel Ammoniak absorbieren, weil er nicht so tief gekühlt wird wie bei Wasserkühlung. Beides bewirkt, daß die Menge Ammoniak, die bei jeder vollen Periode ausgenutzt werden kann, so klein wird, daß die Maschine mit einem außerordentlich schlechten Wirkungsgrad arbeitet. Denn der gesamte Wasserinhalt des Kochers muß bei jeder Periode neu und nutzlos miterwärmt werden. Man kann das auch so ausdrücken: Die thermischen Eigenschaften des Systems Wasser-Ammoniak gestatten Luftkühlung nur mit schlechtem Wirkungsgrad.

Wie bereits ausgeführt, können Absorptionskühlschränke mit jedem Heizmaterial, Elektrizität, Gas, Kohle, Öl usw. betrieben werden. Ihre Wirtschaftlichkeit richtet sich nach dem Preise der Brennstoffe. Ihre Leistungsziffer ist verhältnismäßig niedrig, d. h. man muß für etwa 2—300 kcal Kälteleistung schätzungsweise 1000 kcal Wärme aufwenden. Ein mittlerer Kühlschrank verbraucht pro Tag etwa 600—1000 kcal. Dementsprechend muß man etwa 3—5000 kcal Wärme aufwenden. In elektrischem Strom ausgedrückt würde dies ungefähr einem Verbrauch von 4—6 kWh pro Tag entsprechen. Man ersieht daraus also, daß die elektrische Beheizung nur dort in Frage kommt, wo der Strom billig ist, beispielsweise wo Nachtstrom mit etwa 8 Pfg. pro Kilowattstunde oder weniger zur Verfügung steht. Bei Heizung mit Gas kann man damit rechnen, daß 1 m³ Leuchtgas nach Abzug der unvermeidlichen Verluste etwa 2500—3000 kcal Wärme abgibt. Man braucht daher pro Tag etwa 1,2—2 m³ Gas. Öl- und Kohlenheizung wird im allgemeinen für Deutschland nicht in Frage kommen. — Bei den ganz kleinen Absorptionskühlschränken, die einen Netto-Inhalt von nur ca. 50 l haben, ist natürlich der Energieverbrauch noch etwas kleiner.

Es ist eine Eigentümlichkeit der periodisch arbeitenden Schränke, daß ihre Temperatur verhältnismäßig stark schwankt. Während der Heizperiode, die etwa 2—4 Stunden dauert, hört die Kälteleistung vollständig auf, ja es wird sogar durch das ziemlich warme verflüssigte Kältemittel eine gewisse Menge Wärme in den Schrank hineinverschleppt, so daß man während der Heizung einen Temperaturanstieg von 8—12° haben kann.

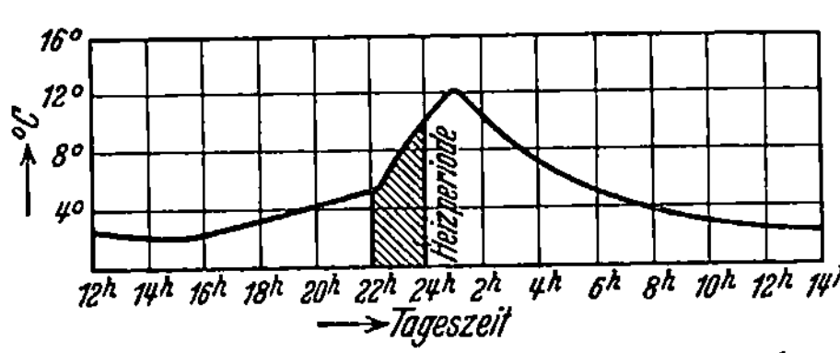

Abb. 14. Temperaturverlauf in einem normalen periodischen Absorptionskühlschrank.

In Abb. 14 ist die Temperatur in Abhängigkeit von der Tageszeit aufgetragen. Man sieht dort, daß abends um 10 Uhr die Heizung begonnen hat und daß die Temperatur während der Heizung ziemlich stark steigt. Um 12 Uhr nachts ist die Heizperiode beendet und etwa gegen 1 Uhr beginnt die Kälteleistung. Die Temperatur fällt dann beständig bis auf etwa 2° nachmittags um 4 Uhr. Um diese Zeit ist alles Kältemittel verdampft, so daß die Temperatur vor Einsetzen der Heizperiode schon wieder langsam ansteigt.

Ob die Kältemittelmenge genügend lange ausreicht oder schon vorzeitig erschöpft ist, hängt natürlich von verschiedenen Umständen ab, so vor allem von der Belastung des Schrankes mit Kühlgut, von der Außentemperatur und dem Kühlwasser. Jedenfalls muß man, wie oben angegeben, vielfach mit etwa 8—12° Temperaturschwankungen rechnen. Dadurch daß man Sole vorsieht und in dieser Sole eine größere Menge Kälte speichert, läßt sich die Temperaturdifferenz etwas mildern.

Wie aus dem Vorstehenden ersichtlich, ist die periodische Absorptionskältemaschine im Prinzip recht einfach, in der tatsächlichen Ausführung wird sie jedoch verhältnismäßig kompliziert. Im praktischen Betriebe hat man mit allerlei Schwierigkeiten zu kämpfen. Hier ist vor allem die Wasserkühlung zu erwähnen, die einen vollautomatischen Betrieb teuer und wenig zuverlässig macht. Dazu kommt die erwähnte Notwendigkeit, das sich im Verdampfer ansammelnde Wasser von Zeit zu Zeit in den Kocher zurückzubefördern. Als weiterer Nachteil ist die Temperaturschwankung im Kühlschrank selbst zu erwähnen, die unter Umständen recht beträchtliche Werte annehmen kann.

Neuerdings gibt es eine periodische Absorptionskältemaschine, die diese geschilderten Schwierigkeiten im Wesentlichen überwindet. Der Hauptunterschied gegenüber den bisher geschilderten besteht darin, daß das Ammoniak nicht von Wasser absorbiert wird, sondern von einem festen Absorptionsstoff, nämlich Chlorcalcium. Das Gemisch Chlorcalcium-Ammoniak hat sehr günstige thermische Eigenschaften, so daß auch mit Luftkühlung ein befriedigendes Arbeiten möglich ist. Bei hohen Außentemperaturen, d. h. also auch bei hohen Kondensatordrücken kann noch genügend Ammoniak ausgetrieben werden. Ebenso kann während der Kühlperiode auch bei hoher Absorbertemperatur das Ammoniak vollständig absorbiert werden[1]. Ein weiterer Vorteil dieser festen Stoffe ist der Umstand, daß kein Absorptionsmittel in den Verdampfer gelangen kann, weil dieses Absorptionsmittel eben nicht mit verdampft.

Die Anordnung dieser sog. Trockenabsorptionskältemaschine zeigt Abb. 15. Alle notwendigen Bestandteile der Maschine sind in der Abbildung enthalten. Man sieht hieraus, daß diese Maschine auch in der Praxis fast ebenso einfach ist wie das grundlegende Schema der Absorptionsmaschine in Abb. 5. Durch eine beson-

---

[1] Linge: Über periodische Absorptionskältemaschinen.

dere Ausbildung des Verdampfers ist eine Wärmeübertragung während der Kochperiode in den Kühlschrank vermieden. Der Zwischenbehälter Z ist nämlich vollständig isoliert vom eigentlichen Kühlschrank. Von ihm führen 2 Rohre in eine Verdampferschlange V, die im Kühlschrank selbst liegt. Während der Kochperiode sammelt sich das Kondensat im Zwischenbehälter Z. Es kommt also mit dem Kühlschrank selbst gar nicht in Berührung. Die kleine Verdampferschlange V bleibt meist von der vorhergehenden Kühlperiode noch mit flüssigem Kältemittel gefüllt.

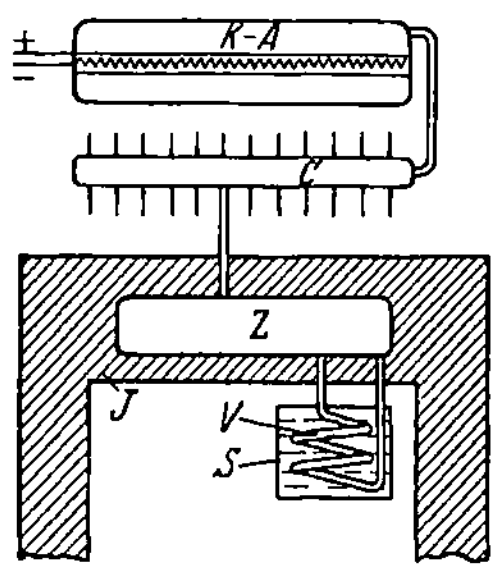

Abb. 15. Anordnung eines luftgekühlten Trockenabsorptions-Kühlschrankes. K—A Kocher-Absorber, V Verdampferschlange, C Kondensator, S Solegefäß, Z Zwischenbehälter, J Schrankisolation.

Zu Beginn der Kühlperiode wird zunächst der Zwischenbehälter Z stark gekühlt. Da er gut isoliert ist, geht diese Abkühlung sehr schnell vor sich. Sobald er kühl genug ist, erfolgt die weitere Verdampfung in der Rohrschlange V. Damit beginnt die Kühlung des Schrankes.

Im Zwischenbehälter Z verdampfen nur noch geringfügige Mengen, weil infolge der Isolation nicht die zur Verdampfung notwendige Wärme herangeführt werden kann. Das in der Schlange V verdampfte Ammoniak wird aus dem Vorrat aus dem Zwischenbehälter Z stets neu ergänzt, solange bis nahezu alles verdampft ist, d. h. bis zum Beginn der nächsten Heizperiode. Die Temperatur im Kühlschrank steigt während der Heizperiode nur deshalb etwas an, weil in dieser Zeit die Kälteleistung unterbrochen wird. Diesen Temperaturanstieg kann man jedoch sehr klein halten, indem man um die Schlange V einen genügend großen Kältespeicher S (Sole) vorsieht. Praktisch werden die Temperaturschwankungen hierdurch auf 2—3° herabgesetzt; sie sind also nicht mehr größer als bei Kompressorschränken.

Infolge Fortfalls der Wasserkühlung kann dieser Kühlschrank auch leicht vollautomatisch betrieben werden. Das Schalten kann dabei entweder durch einen Thermostaten vorgenommen werden oder durch eine Schaltuhr. Letzteres ist das Einfachste. Es genügt, wenn die Heizung einmal in 24 Stunden aus- und eingeschaltet wird. Die Heizperiode verlegt man zweckmäßigerweise in die Nachtzeit, weil dann die Außentemperatur am niedrigsten ist und weil man billigen Nachtstromtarif ausnützen kann.

Neben den periodischen Absorptionskältemaschinen existieren noch sog. kontinuierliche. Auf S. 10 sind die kontinuierlichen

Absorptionskältemaschinen mit Pumpe und Reduzierventil bereits erklärt. In Anbetracht dessen, daß sie für Haushaltkältemaschinen bisher keine Verwendung gefunden haben, sei von einer näheren Beschreibung hier abgesehen.

Es gibt jedoch auch kontinuierlich arbeitende Absorptions-Haushaltkühlschränke, die Pumpe und Ventile vermeiden. Die Grundgedanken derartiger Maschinen sind folgende: Der notwendige Druckunterschied zwischen Verdampfer und Absorber einerseits und Kocher und Kondensator andererseits, der bei den großen Maschinen durch eine Pumpe aufrechterhalten wird, wird durch ein neutrales Gas ausgeglichen, d. h. in den Verdampfer und Absorber wird soviel Gas eingefüllt, daß derselbe Druck wie im Kocher und Kondensator herrscht. Die Druckunterschiede sind damit beseitigt und daher Pumpe und Ventile überflüssig. Die andere Aufgabe der Pumpe, nämlich für den notwendigen Umlauf der Absorptionslösung zu sorgen, kann man auf eine Weise erreichen, die weiter unten noch beschrieben werden soll.

Das sogenannte neutrale Gas darf natürlich weder mit dem Kältemittel, noch mit dem Absorptionsmittel irgendeine chemische oder physikalische Bindung eingehen. Geeignet sind beispielsweise Luft, Stickstoff, Wasserstoff oder ähnliche Gase. Die Verdampfung des Ammoniaks wird durch die Anwesenheit des neutralen Gases praktisch nicht beeinflußt; nur die Verdampfungsgeschwindigkeit ist geringer, was jedoch durch eine entsprechende Dimensionierung ausgeglichen werden kann. Es sind ähnliche Verhältnisse wie bei der Verdampfung oder besser Verdunstung von Wasser in Anwesenheit von Luft.

Ein Schema einer derartigen Maschine zeigt Abb. 16. Man muß hier drei verschiedene Kreisläufe unterscheiden, erstens den Kreislauf des Absorptionsmittels, zweitens des Kältemittels und drittens des neutralen Gases. Alle drei Medien müssen nämlich einen steten Kreislauf vollführen.

Die Absorptionslösung wird in dem Kocher V geheizt und dadurch der größte Teil des Ammoniaks ausgetrieben. Der Rest, die „arme Lösung" fließt dann durch einen sog. Temperaturwechsler VIII in den Absorber IV, absorbiert dort von neuem Ammoniak und fließt als „reiche Lösung" durch den Temperaturwechsler wieder dem Kocher zu. Der Temperaturwechsler hat die Aufgabe, die aus dem Kocher kommende arme Lösung vorzukühlen und die aus dem Absorber kommende reiche Lösung vorzuwärmen, d. h. also Heizenergie zu sparen. Der Umlauf der Absorptionslösung wird dadurch aufrechterhalten, daß das in kleinen Bläschen ausgetriebene Ammoniak in dem engen Rohr I die Flüssigkeit mit-

reißt und sie so hoch fördert, daß sie durch eigene Schwerkraft
weiter umläuft.

Das im Kocher ausgetriebene Kältemittel Ammoniak steigt
hoch in den Kondensator *II*, wird dort durch Wasserkühlung verflüssigt und fließt durch die Leitung *VI* in den Verdampfer *III*. Dort

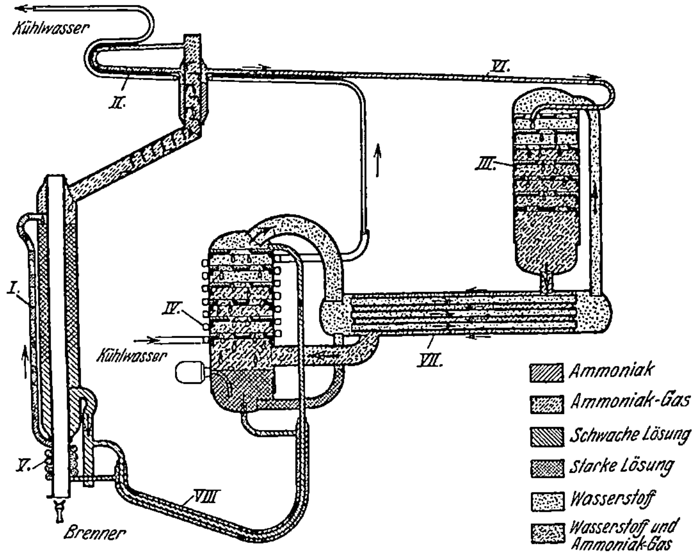

Abb. 16 [1]. Schema einer kontinuierlich arbeitenden Absorptionskältemaschine ohne
Pumpe und Ventile.

mischt es sich mit dem neutralen Gas, rieselt über die Verdampfer-
bleche herab und verdampft. Das Gasgemisch Ammoniak-Wasser-
stoff sinkt durch den Gastemperaturwechsler *VII* in den Absorber *IV*, dort wird das Ammoniak absorbiert und gelangt mit
der Absorptionslösung zurück in den Kocher, wo der Kreislauf
von neuem beginnt.

Nachdem der Absorber alles Ammoniak absorbiert hat, bleibt
nur noch der Wasserstoff übrig. Dieser steigt hoch und tritt von
neuem durch den Gastemperaturwechsler *VII* hindurch in den
Verdampfer *III*. Der Gasumlauf des Wasserstoffes zwischen Verdampfer und Absorber wird bewirkt durch den Unterschied der
spezifischen Gewichte; denn das Gemisch Ammoniak Wasserstoff
ist schwerer als reiner Wasserstoff.

Diese Kühlschränke werden im allgemeinen mit Wasserkühlung betrieben. Im Gegensatz zu den periodischen, bei denen eine

---

[1] Technische Monatsblätter für Gasverwertung, Dezember 1931.

kurze Heizperiode mit einer langen Kühlperiode abwechselt, müssen die kontinuierlichen dauernd geheizt werden. Daher ist bei den meisten Tarifen bisher eine elektrische Heizung nicht genügend billig. Denn der Energieverbrauch ist zwar etwas kleiner als beim periodischen Schrank, hat aber dieselbe Größenordnung und liegt wesentlich über dem des Kompressorschrankes. Während aber der periodische Schrank Nachtstromtarife ausnutzen kann, kann das der kontinuierliche nicht, oder doch nur zu einem kleinen Teil. Vielfach wird daher als Heizquelle Gas verwendet.

Die automatische Temperaturregelung ist im Prinzip dieselbe wie beim Kompressorschrank.

X. Die automatischen Regelvorrichtungen.

Für die im vorigen Kapitel besprochenen periodischen Absorptionskühlschränke gelten in bezug auf die Automatik besondere Gesichtspunkte. Die nachfolgenden Überlegungen erstrecken sich hauptsächlich auf Kompressorschränke.

Eine automatische Regelung von Kühlschränken hat die Aufgabe, im Kühlschrank eine gleichmäßige Temperatur zu halten, unabhängig von der Außentemperatur und unabhängig von der Beschickung des Schrankes mit Kühlgut. Da liegt es nahe, einen automatischen Schalter zu bauen, der direkt durch die Kühlschranktemperatur beeinflußt wird, d. h. der bei einer bestimmten Temperatur das Kühlaggregat abschaltet und nach Überschreitung einer zweiten, etwas höheren Temperatur wieder einschaltet.

Einen derartigen Schalter, der in Abhängigkeit von der Temperatur schaltet, nennt man einen Thermostaten. Man kann dabei beispielsweise die verschiedene Ausdehnung zweier Metallstäbe benutzen, um einen Schalter zu betätigen. Bei den geringen Temperaturdifferenzen ist die Ausdehnung der Metallstäbe natürlich sehr klein und entsprechend ist der Schaltweg auch sehr gering.

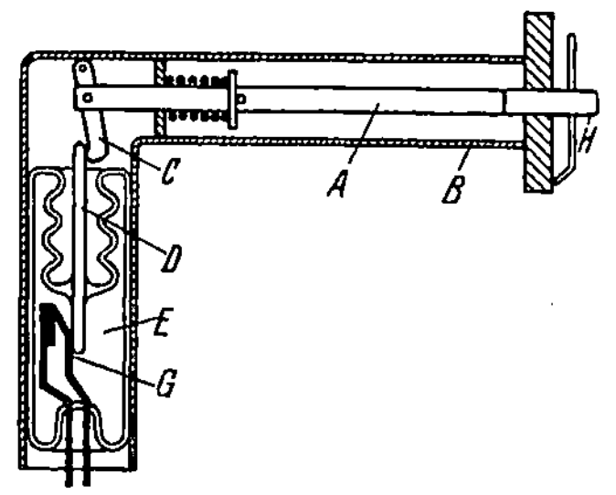

Abb. 17. Schema eines Thermostaten.

Abb. 17 zeigt einen solchen Schalter. Hierin bedeutet A einen Stab aus Invarstahl, der sich praktisch bei Temperaturschwankungen überhaupt nicht verändert. B ist ein Rohr aus Messing, das einen verhältnismäßig großen Ausdehnungskoeffizienten hat. Der Invarstahl A greift an einem kleinen Hebel C an, und dieser betätigt den Schalthebel *D* eines Vakuumschalters *E*. Bei Verringerung der Temperatur zieht sich das Messingrohr zusammen, während der Invarstahl seine Länge beibehält. Dadurch wird der Hebel *C* nach links herüber gedrückt, der Schalthebel ebenfalls, und die Schaltkontakte *G* im Innern des Vakuumschalters federn auseinander.

Infolge der günstigen Eigenschaften des Vakuumschalters genügt ein Schaltweg von Bruchteilen eines Millimeters, um den Strom funkenfrei zu unterbrechen. Allerdings liegt parallel zu den Kontakten ein kleiner Kondensator. Wegen der Möglichkeit kleiner Schaltwege kann man mit diesem Schalter sehr feinstufig regulieren und mit sehr geringen Temperaturdifferenzen von 1^0 und noch weniger arbeiten. Eine Verstellung des Temperaturbereiches, innerhalb dessen ein- und ausgeschaltet wird, ist durch die Einstellschraube *H* möglich.

Eine zweite Methode der automatischen Regelung ist die indirekte, nämlich die Regelung nach dem Druck des Kältemittels in der Saugleitung. Aus dem früher Gesagten und aus den Abb. 1 und 2 geht hervor, daß zu einer bestimmten Verdampfertemperatur ein bestimmter Druck gehört, und zwar ist dieser Druck um so niedriger, je niedriger die Verdampfertemperatur ist und umgekehrt. Man erreicht daher das gewünschte Ergebnis ebenfalls, wenn man den Schalter durch den Druck des Kältemittels betätigen läßt.

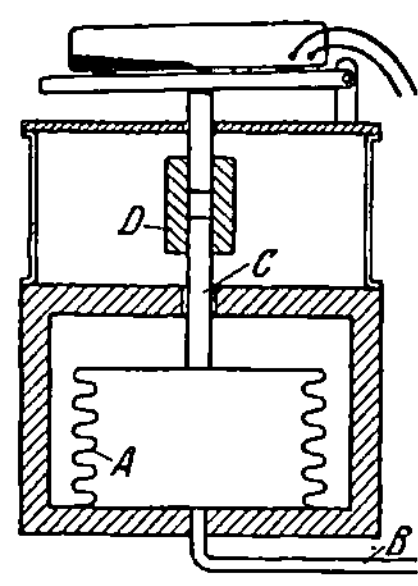

Abb. 18. Schema eines Pressostaten (Druckreglers).

Abb. 18 zeigt eine schematische Anordnung eines derartigen Schalters. Hierin ist *A* eine Metallmembrane, die mit der Saugleitung *B* in Verbindung steht und je nach der Höhe des Druckes sich mehr oder weniger ausdehnt. Die Ausdehnung der Membrane wird durch eine Schaltstange *C* auf den eigentlichen Schalter (in der Abb. ist ein Quecksilberschalter angenommen) übertragen.

Auch hier ist die Einstellung des gewünschten Temperaturbereiches durch Verlängerung oder Verkürzung der Schaltstange leicht möglich. Man stellt sie beispielsweise aus zwei Teilen her und verbindet sie durch eine breite Überwurfmutter *D*, die auf der einen Hälfte Rechts- und auf der anderen Hälfte Linksgewinde trägt. Bei Drehung dieser Mutter in der einen Richtung zieht man daher die Stange zusammen, d. h. verkürzt sie; bei Drehung in der anderen Richtung verlängert man sie.

Man regelt bei dieser indirekten Methode eigentlich den Verdampferdruck und damit die Verdampfertemperatur. Da letztere aber wieder mit der Kühlschranktemperatur in bestimmter Beziehung steht, so regelt man gleichzeitig die Kühlschranktemperatur. Man kann jedenfalls die Kühlschranktemperatur mit diesem Schalter nahezu genau so konstant halten wie mit dem vorher beschriebenen Thermostat. Im Gegensatz zu ihm bezeichnet man den zuletzt beschriebenen Schalter als Pressostat oder auch als Manostat.

Diese Schalter kann man natürlich sehr weitgehend variieren, und jede Firma hat ihre besonderen Typen. Im Prinzip sind sie aber stets auf diese Grundformen zurückzuführen. Man kann beispielsweise den Thermostat anstatt in Abhängigkeit von der Schranktemperatur in Abhängigkeit von der Sole oder Verdampfertemperatur steuern. Das kommt praktisch auf dasselbe hinaus. Anstatt die verschiedenen Ausdehnungen zweier Metalle zu benutzen, kann man auch die Ausdehnungsfähigkeit von Gasen und Flüssigkeiten verwenden. Die Ausdehnung von Gasen wird man besonders dann bevorzugen, wenn es sich darum handelt, mit verhältnismäßig großen Schaltkräften auch große Schaltwege zu verbinden.

Bei allen diesen Schaltern ist vorausgesetzt, daß es sich nur um die Schaltung von elektrischen Stromkreisen handelt. Müssen auch Gas- und Wasserleitungen automatisch aus- und eingeschaltet werden, dann werden die Schaltorgane erheblich komplizierter; im Rahmen dieser Ausführungen können sie nicht näher beschrieben werden.

C. Die allgemeinen Gesichtspunkte der Nahrungsmittelkühlung.

XI. Luftfeuchtigkeit.

Es ist bekannt, daß Luft gewisse Mengen Feuchtigkeit in Dampfform aufnehmen kann. Die Menge der in der Luft enthaltenen Feuchtigkeit ist für die Aufbewahrung von Lebensmitteln außerordentlich wichtig, ebenso wichtig oder noch wichtiger als für die Lebensbedingungen von Menschen. Die Luft kann nun um so mehr Wasserdampf aufnehmen, je wärmer sie ist und umgekehrt. Diese Tatsache ist ja aus dem täglichen Leben bekannt; denn in warmer Luft trocknen alle feuchten Sachen viel schneller als in kalter Luft.

Der Zusammenhang zwischen der Lufttemperatur und der maximalen Feuchtigkeit, die die Luft aufnehmen kann, ist nun ein ganz gesetzmäßiger und in der Kurve in Abb. 19 dargestellt. Die Feuchtigkeit ist dort aufgetragen in Gramm pro Kubikmeter Luft. Man ersieht aus dieser Kurve beispielsweise, daß Luft bei 0⁰ nur ca. 4,9 g Wasserdampf pro Kubikmeter aufnehmen kann, dagegen kann Luft von 20⁰ schon etwa 17,2 g Wasserdampf pro Kubikmeter aufnehmen.

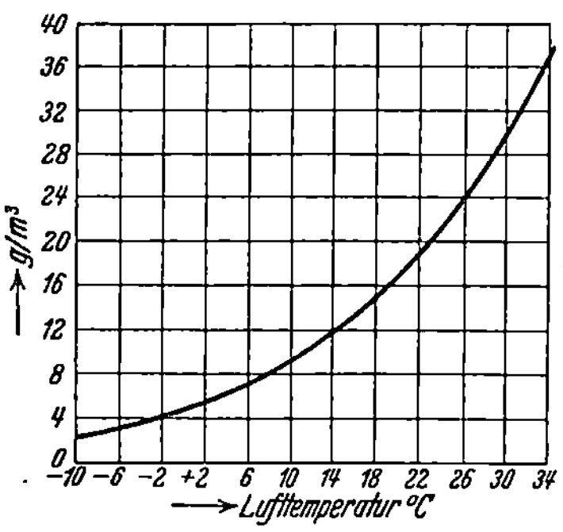

Abb. 19. Maximale Luftfeuchtigkeit (Gramm Wasserdampf pro Kubikmeter Luft) in Abhängigkeit von der Lufttemperatur.

Diese in Abb. 19 dargestellten Mengen sind die höchstmöglichen, die Luft enthalten kann. Führt man der Luft noch mehr Feuchtigkeit zu, so scheidet sich dieser Wasserdampf in Form von Tropfen wieder ab. Man weiß beispielsweise, daß ein Badezimmer an den Wänden vollständig mit Wasser beschlägt, wenn man größere Mengen heißes Wasser in die Wanne laufen läßt.

Hat die Luft bei irgend einer Temperatur ihren höchstmöglichen Feuchtigkeitsgehalt erreicht, so sagt man, sie ist voll gesättigt, oder man sagt auch, die Luft ist feucht. Im allgemeinen enthält die Luft jedoch weniger Feuchtigkeit, als sie enthalten könnte. Man drückt das so aus, daß man die tatsächliche Feuchtigkeit in Prozenten von der maximalen Feuchtigkeit wiedergibt. Hat Luft von 20⁰ beispielsweise nur eine Feuchtigkeit pro Kubikmeter von 8,6 g, so sagt man, sie ist zu 50% mit Feuchtigkeit gesättigt, oder die relative Feuchtigkeit beträgt 50%, d. h. mit anderen Worten, die Luft könnte bei dieser Temperatur die doppelte Menge Feuchtigkeit aufnehmen.

Durch Temperatur und relative Feuchtigkeit ist der Zustand der Luft stets gekennzeichnet. Einige Beispiele an Hand der Abb. 19 sollen das veranschaulichen. Angenommen Luft von 18⁰ enthält 13 g Wasserdampf pro Kubikmeter Aus der Kurve ersieht man, daß die Luft bei 18⁰ maximal 15,3 g pro Kubikmeter enthalten könnte. Die relative Feuchtigkeit beträgt demnach $\frac{13}{15,3} \cdot 100 = 85\%$. — Luft von 6⁰ habe eine relative Feuchtigkeit von 70%. Aus der Kurve ergibt sich, daß die Luft bei 6⁰ maximal 7,3 g Feuchtigkeit enthalten könnte. Hat sie nur 70%, so heißt das, sie enthält in Wirklichkeit nur ca. 5 g pro Kubikmeter.

Aus dieser Überlegung ergibt sich nun folgende wichtige Tatsache. Kühlt man ein bestimmtes Quantum Luft mit einem bestimmten Feuchtigkeitsgehalt ab, so bleibt zwar die absolute Feuchtigkeit konstant, aber die relative Feuchtigkeit erhöht sich. Kühlt man die Luft immer weiter ab, so erreicht die Luftfeuchtigkeit schließlich den Wert von 100%. Diese Temperatur, bei der die Feuchtigkeit gerade 100% erreicht, nennt man den Taupunkt der Luft. Denn wenn sie nun noch weiter heruntergekühlt wird, scheidet sich der überflüssige Wasserdampf in Form von Wassertropfen ab, d. h. es taut.

Diese Erscheinung ist ja aus der Natur besonders an Sommertagen gut bekannt. Kühlt sich die Luft abends ab, so taut es nach einiger Zeit, d. h. der Boden, vor allem die Pflanzen werden naß. Dieselbe Erscheinung spielt sich im Kühlschrank ab. Die zunächst warme Luft wird schnell heruntergekühlt und erreicht dabei sehr bald ihren Taupunkt; dann wird sie feucht und der Verdampfer beschlägt mit Wasser. Der Taupunkt liegt natürlich verschieden, je nachdem die relative Feuchtigkeit zu Anfang höher oder niedriger ist. Wo er liegt, kann man mit Hilfe der Kurve in Abb. 19 leicht ermitteln.

Erwärmt man dagegen Luft, so wird die prozentuale Feuchtigkeit immer geringer. Auch dies kann man in der Natur beobachten und zwar am besten an einem feuchten, nebligen Herbstmorgen. Erst wenn durch genügende Sonneneinstrahlung die Temperatur hoch genug gestiegen ist, verschwindet der Nebel und die Feuchtigkeit, und je höher die Temperatur steigt, um so trockener wird die Luft. Für den Kühlschrank hat diese umgekehrte Erscheinung wenig Bedeutung.

Die Frage der Luftfeuchtigkeit im Kühlschrank spielt für die Haltbarkeit der Lebensmittel eine außerordentlich große Rolle. Wie weit ihr Einfluß reicht, wird noch in einem späteren Kapitel beschrieben werden. Hier soll zunächst die Frage behandelt werden: Wie groß wird die Feuchtigkeit im Kühlschrank, und wie kann man sie beeinflussen?

Nach kurzer Überlegung und aus der Beobachtung im täglichen Leben folgt, daß die überschüssige Luftfeuchtigkeit sich immer an den kältesten Stellen absetzt. Tritt man im Winter von draußen mit einer Brille in ein warmes Zimmer, so beschlagen die kalten Brillengläser sofort mit Feuchtigkeit. Das hat seinen Grund darin, daß die Luft unmittelbar in der Nähe der Brillengläser stark abgekühlt wird und zwar unter ihren Taupunkt. Infolgedessen setzt sie ihre überschüssige Feuchtigkeit an dieser Stelle ab. Genau dasselbe ist im Kühlschrank der Fall. Aus dem Kapitel VI wissen wir, daß der Verdampfer stets kälter sein muß als der eigentliche Kühlschrank. Die Luft gerät nun im Kühlschrank in eine mehr oder weniger lebhafte Zirkulation. Je kälter der Verdampfer gegenüber dem Kühlschrank ist, um so mehr Feuchtigkeit entzieht er der Kühlluft, d. h. je größer die Temperaturdifferenz zwischen Kühlschrankluft und Verdampfer ist, um so trockener wird die Luft und umgekehrt.

Wir wollen wieder ein Beispiel nehmen: Die mittlere Lufttemperatur im Kühlschrank sei $+6^0$. Der Verdampfer selbst sei außen -4^0 kalt. Es sei angenommen, daß die Luft sich bei dem Vorbeistreichen an dem Verdampfer auf etwa 0^0 abkühlt. Sie gibt dabei soviel Feuchtigkeit ab, daß sie bei 0^0 noch gerade voll gesättigt ist, d. h. sie enthält nach dem Vorbeistreichen noch 4,9 g Feuchtigkeit pro Kubikmeter. Sie erwärmt sich aber kurz darauf wieder auf 6^0 und könnte infolgedessen nach Abb. 19 7,3 g pro Kubikmeter Feuchtigkeit enthalten. Ihre relative Feuchtigkeit ist infolgedessen $\frac{4,9}{7,3} \cdot 100 = 67\%$.

Ein weiteres Beispiel: Die Kühlschrankluft sei wieder $+6^0$, die Außenwand des Verdampfers jedoch nur $+2^0$. Wir können nun annehmen, daß sich die Luft beim Vorbeistreichen am Verdampfer auf $+4^0$ abkühlt. Hierbei gibt sie soviel Feuchtigkeit ab, daß sie nur noch 6,4 g pro Kubikmeter enthält (s. Abb. 19). Die relative Feuchtigkeit beträgt in diesem Falle $\frac{6,4}{7,3} \cdot 100 = 87,5\%$. Die Luftfeuchtigkeit ist demnach im zweiten Falle erheblich höher als im ersten.

Dies ist auch der Grund, weshalb gewöhnliche Eisschränke meist höhere Feuchtigkeit haben als elektrische Kühlschränke. Bei elektrischen Kühlschränken ist es immer möglich, den Verdampfer auf eine Temperatur unter 0^0 zu bringen, während dies beim gewöhnlichen Eisschrank nicht möglich ist. Beim letzteren kommen allerdings noch verschiedene Umstände hinzu. So ist manchmal die Kühlfläche so ungünstig angeordnet, daß das niedergeschlagene Wasser wieder abtropfen kann und damit wieder in den Kühlraum kommt. Hier verdampft es von neuem und erhöht außerdem den durchschnittlichen Feuchtigkeitsgehalt.

Das wichtige Ergebnis dieser Untersuchung ist Folgendes: Je kälter der Verdampfer im Verhältnis zur Kühlschrankluft, um so geringer die Luftfeuchtigkeit und umgekehrt.

Beim Öffnen des Kühlschrankes kommt eine große Menge warmer Luft hinein. Diese muß heruntergekühlt und ihre überschüssige Feuchtigkeit am Verdampfer niedergeschlagen werden. Dies nimmt eine gewisse Zeit in Anspruch. Infolgedessen ist ein Kühlschrank, der häufig geöffnet wird, im Durchschnitt feuchter als ein Kühlschrank, der nur selten geöffnet wird.

Auch die Lebensmittel, die in den Schrank gestellt werden, geben Feuchtigkeit ab. Um diese Feuchtigkeitsabgabe gering zu halten, sollte man daher Flüssigkeiten nur zugedeckt in den Schrank stellen, wenn man nicht gerade eine durch die Flüssigkeitsverdunstung beschleunigte Abkühlung erstrebt.

XII. Die für den Schrankbau maßgebenden Gesichtspunkte.

Ein großer Teil der Kälteleistung wird dazu verbraucht, um die durch die Wände des Kühlschrankes hindurchtretende Wärme zu kompensieren. Demgegenüber ist die eigentliche Nutzkälteleistung, d. h. also die Kälteleistung, die notwendig ist, um das warme Kühlgut auf die Schranktemperatur herunterzukühlen bzw. um Eis zu erzeugen, nur gering.

Der erste Teil der Kälteleistung beträgt bei kleinen Kühlschränken bis zu 80% der Gesamtkälteleistung. Der prozentuale Anteil ist um so größer, je kleiner der Schrank ist. Das hat seinen Grund in Folgendem. Hat ein Kühlschrank B nur einen halb so großen Inhalt wie ein Kühlschrank A, so beträgt seine Oberfläche etwa 63% von der des Kühlschrankes A. Ist der Kühlschrank B nur $\frac{1}{4}$ so groß wie der Kühlschrank A, so beträgt seine Oberfläche ca. 40%. Man ersieht daraus, daß die Oberfläche viel langsamer abnimmt als der Inhalt, d. h. kleine Kühlschränke haben prozentual eine sehr große Oberfläche und damit prozentual große Kälteverluste. Die Menge der Speisen, die man in einen Kühlschrank hineinstellen kann, ist proportional seinem Inhalt; und so wird die eigentliche Nutzkälteleistung prozentual immer kleiner im Verhältnis der zur Deckung der eingestrahlten Wärme notwendigen Kälteleistung.

Hieraus folgt die Wichtigkeit einer guten Isolation. Je stärker die Isolation ist, um so geringer ist die hindurchtretende Wärmemenge. Ein Schrank mit einer Isolation von 10 cm ist in dieser Beziehung doppelt so gut wie ein Schrank mit einer Isolation von 5 cm. Andererseits sollte man aus Preisrücksichten eine gewisse Isolationsstärke nicht überschreiten. Je stärker die Isolation ist, um so höher sind die Anschaffungskosten und der Platzbedarf, aber um so geringer die Betriebskosten pro Tag. Je geringer die Isolationsstärke ist, um so geringer sind die Anschaffungskosten, aber um so höher die Betriebskosten. Hier einen wirtschaftlich günstigen Wert herauszufinden, ist natürlich nicht so einfach; schon aus dem Grunde nicht, weil die Strompreise überall verschieden sind. Jedenfalls kann man sagen, daß man im allgemeinen einen Kompressorschrank weniger stark isoliert als einen Absorptionskühlschrank; denn der Kompressorschrank hat eine ziemlich gute Leistungsziffer und einen verhältnismäßig geringen Energieverbrauch, so daß es nicht viel ausmacht, wenn er einige Kalorien Kälte mehr verzehrt. Bei Absorptionskühlschränken ist dagegen die Leistungsziffer ungünstiger; man muß wegen des höheren Energieverbrauches alle Verluste sorgfältig klein halten und daher eine stärkere Isolation wählen.

Man wählt heute für die Kompressorschränke meistens etwa 5—8 cm und für Absorptionskühlschränke etwa 10—14 cm Isolationsstärke. Unter sonst gleichen Umständen ist natürlich der Schrank als der bessere anzusehen, der die stärkere Isolation hat, vorausgesetzt, und hier kommen wir zu einem sehr wichtigen Punkt, daß die Isolation von derselben Qualität ist. Als bester Isolierstoff gilt heute allgemein Expansitkork. Es gibt eine große Anzahl verschiedener Korksorten, vom Korkschrot angefangen bis zu den imprägnierten und expandierten Korksteinplatten. Die Unterschiede in der Isolationsfähigkeit betragen bis zu 20%.

Ebenfalls von großer Wichtigkeit für die Isolation ist die Frage der Feuchtigkeitsbeständigkeit. Es wird sich niemals ganz vermeiden lassen, daß durch die Wandung des Kühlschrankes entweder von innen oder von außen im Laufe der Zeit etwas Feuchtigkeit in die Isolation eindringt. Nicht richtig vorbehandelter Kork wird dann faul und muffig und überträgt diesen Geruch auf die Speisen. Die Folge ist die Notwendigkeit eines neuen Schrankes.

Die Innenauskleidung des Schrankes sollte ebenfalls sorgfältig beachtet werden. Die billigste und bei vielen Eisschränken meist ausgeführte Innenbekleidung ist rohes Zinkblech. Sie hat den Nachteil, daß sie nach einiger Zeit unansehnlich wird, wenn sie nicht geputzt wird, hat sich im übrigen aber durchaus bewährt.

Ohne Frage die beste Innenbekleidung ist vollständig emailliertes Stahlblech. Sie hat den Vorteil einer absoluten Geruchlosigkeit, einer leichten Reinigungsmöglichkeit und eines eleganten Aussehens. Andererseits ist sie aber auch die teuerste Art der Innenbekleidung und hat den Nachteil, daß bei Abspringen der Emaille unschöne Flecken entstehen, die zu Rostbildung Anlaß geben können.

Außerdem findet man als Innenbekleidung gestrichenes Zinkoder Eisenblech oder gestrichene Holzbekleidung. Diese Ausführung ist preiswert und, wenn sie gut gemacht ist, auch haltbar; man muß jedoch darauf achten, daß der Lack geruchlos ist. Eine reine Holzbekleidung dürfte am wenigsten zweckmäßig sein, weil sie einerseits den Einflüssen der Feuchtigkeit gegenüber weniger widerstandsfähig ist und andererseits infolge ihrer großen Porösität auch leicht Gerüche absorbiert.

Bei der Innenbekleidung soll man darauf achten, daß keine scharfen, sondern nur gut abgerundete Kanten vorhanden sind, damit sich der Schrank richtig reinigen läßt.

Als Außenbekleidung wählt man entweder Holz oder Eisenblech. Holz verwendet man hauptsächlich bei gewöhnlichen Eisschränken und lackiert es weiß oder naturfarben. Wenn man nicht ganz trocken abgelagertes Holz verwendet, arbeitet das Holz nach, und der Lack reißt an einigen Stellen auf. Dies sieht natürlich gerade bei weißer Lackierung unschön aus. Sonst aber bestehen bei richtiger Verwendung kaum Bedenken gegen Holz als Außenbekleidung.

Bei den elektrischen Kühlschränken, wenigstens bei den kleineren in Serie hergestellten Typen, verwendet man meistens Stahlblechbekleidung. Als Lack wählt man im wesentlichen Nitrozelluloselacke, die große Widerstandsfähigkeit mit elegantem Aussehen und guter Abwaschbarkeit verbinden. Bei Luxusausführungen findet man auch als Außenbekleidung emailliertes Stahlblech. Technisch bringt das natürlich keine Verbesserung, sondern muß als reine Luxusausführung bezeichnet werden.

Die Beschläge, d. h. die Schlösser und Scharniere, beanspruchen ebenfalls Aufmerksamkeit. Man verwendet heute vielfach vernickelte, verchromte oder versilberte Beschläge. Die Schlösser sollen ein gutes und dichtes Schließen der Türen gewährleisten und nach Möglichkeit von selbst einschnappen.

Die Türen müssen sorgfältig mit einem elastischen Material abgedichtet sein. Bei undichten Türen dringt eine Menge warmer Luft in den Kühlschrank, macht diesen übermäßig feucht und verzehrt unnütz Kälteleistung. Jeder gute Kühlschrank hat daher einen Dichtungsfalz aus nachgiebigem Material. Man überzeuge sich stets, ob dieser Falz bei richtigem Schließen der Türen auch genügend gut dichtet.

Eine wichtige Frage beim Bau von Kühlschränken ist die Anordnung des Verdampfers. Die am Verdampfer abgekühlte Luft sinkt infolge ihres größeren spezifischen Gewichtes nach unten, erwärmt sich an den Wänden und Speisen und steigt dann wieder nach oben. Bei seitlicher Anordnung des Verdampfers, wie sie Abb. 20 zeigt, gerät dabei die Luft in einen ausgesprochenen Kreislauf, der durch Pfeile angedeutet ist. Gerade bei dieser seitlichen Anordnung ist der Luftumlauf ziemlich kräftig. Die Abb. 21 zeigt im Gegensatz dazu einen Kühlschrank mit oben in der Mitte angeordnetem Verdampfer. Wie sich hier der Luftstrom ausbilden kann, ist ebenfalls durch Pfeile angedeutet. Die letztere Anordnung ruft eine schwächere Luftzirkulation hervor, weil eben der Antrieb für die Zirkulation nicht einseitig liegt.

Beide Anordnungen haben ihre Vor- und Nachteile. Ein kräftiger Luftumlauf kühlt natürlich die Speisen etwas schneller herunter als ein schwacher. Andererseits trocknet er aber auch die Feuchtigkeit enthaltenden Kühlgüter schneller aus. Außerdem sind bei kräftiger Luftzirkulation, wie in Abb. 20, die Temperaturunterschiede innerhalb des Schrankes größer als bei mäßigem Luftumlauf. Unter den beiden Abb. 20 und 21 sind die Temperaturen an den verschiedenen Stellen eingetragen. Die tiefste Temperatur ist naturgemäß unmittelbar unter dem Verdampfer, die höchste Temperatur oben neben dem Verdampfer, also dort, wo die Luft kurz vor Beendigung ihres Umlaufes wieder zum Verdampfer zurückkehrt.

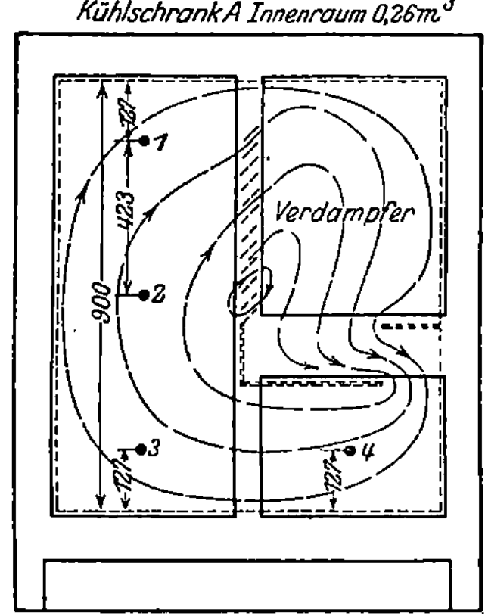

Abb. 20[1]. Luftumlauf und Temperaturverteilung in einem Kühlschrank mit seitlich angeordnetem Verdampfer.

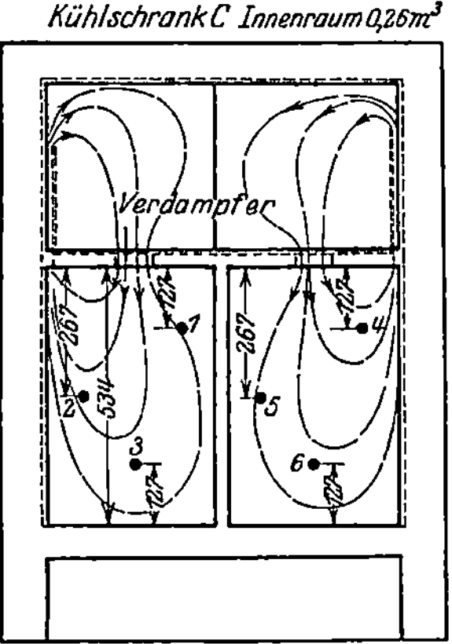

Abb. 21[1]. Luftumlauf und Temperaturverteilung in einem Kühlschrank mit oben in der Mitte angeordnetem Verdampfer.

Meßstelle	Temperatur im Kühlschrank bei einer Außentemperat. von:		
	21°	27°	32°
1	7,5°	7,5°	7,5°
2	6,3°	5,5°	5,0°
3	6,0°	5,0°	4,2°
4	5,3°	4,5°	3,5°
größte Temperaturdiff.	2,2°	3,0°	4,0°

Meßstelle	Temperatur im Kühlschrank bei einer Außentemperat. von:		
	21°	27°	32°
1	7,5°	7,5°	7,5°
2	7,33°	7,0°	6,5°
3	7,17°	7,0°	6,5°
4	7,5°	7,5°	7,5°
5	7,05°	7,0°	6,4°
6	7,05°	7,0°	6,4°
größte Temperaturdiff.	0,45°	0,5°	1,1°

Die Temperaturunterschiede innerhalb des Schrankes können unter Umständen erwünscht sein. Es gibt eine Reihe Lebensmittel, die man tief kühlen muß, vor allem beispielsweise Milch, und wieder andere, die man nicht so tief kühlen möchte, beispielsweise Obst und die Butter für den täglichen Gebrauch. Wenn die Hausfrau also einigermaßen darüber unterrichtet ist, welche Lebensmittel tiefer und welche weniger tief gekühlt werden

---

[1] Plank, Haushaltkältemaschinen.

sollen, so kann man das Vorhandensein von Temperaturunterschieden im Kühlschrank als sehr angenehm empfinden. Andererseits haben natürlich in manchen Fällen auch ein schwächerer Luftumlauf und dementsprechend geringere Temperaturunterschiede ihre Vorteile.

XIII. Die Bedingungen für günstige Lebensmittellagerung.

Es ist eine durch tägliche Erfahrung gewonnene Erkenntnis, daß nur die viel Wasser enthaltenden Speisen und Lebensmittel zu den leichtverderblichen gezählt werden können. Frisches Obst und Gemüse, frisches Fleisch, Milch usw. verderben im Sommer nach wenigen Tagen, während andere Lebensmittel, wie getrocknete Früchte, Hülsenfrüchte, auch Brot und Backwaren sich erheblich länger halten. Eine gewisse Ausnahme von dieser Regel machen vielleicht nur die Fette, vor allem die Butter, die zwar wenig Wasser enthält und doch nach verhältnismäßig kurzer Zeit minderwertig werden kann. Das liegt daran, daß die Butter nicht in dem gewöhnlichen Sinne verdirbt, sondern daß die Fette unter Wasseraufnahme gespalten werden in Glyzerin und Fettsäure; man nennt das ranzig werden.

Das Verderben der Lebensmittel wird hervorgerufen durch kleinste Lebewesen, wie Schimmel, Hefepilze, Bakterien usw. Man kann im großen und ganzen zwei Wege unterscheiden. Die Lebensmittel werden entweder sauer, oder sie werden faul. Sauer werden vor allem Lebensmittel, die Zucker und Stärke enthalten. Eine Fäulnis tritt hauptsächlich bei den Lebensmitteln auf, die Eiweiß enthalten. Eine Eiweißzersetzung ruft den von faulen Eiern bekannten Geruch hervor. Die letztere Art der Zersetzung ist besonders gefährlich; denn hier können sich bereits nach kurzer Zeit gesundheitsgefährliche Gifte bilden.

Die Vermehrung dieser kleinsten Lebewesen hat zwei wichtige Voraussetzungen, die im allgemeinen gleichzeitig vorhanden sein müssen, das sind Feuchtigkeit und Wärme. Auch bei den normalen Pflanzen sind Feuchtigkeit und Wärme für das Wachstum notwendig. In der Kälte und in übergroßer Trockenheit entwickeln sich die Pflanzen nicht. Die wichtigsten Mittel gegen das Verderben von Lebensmitteln sind daher Trockenheit und Kälte. Eine Abtötung der Bakterien ist im allgemeinen nicht möglich. Selbst durch übergroße Kälte, wie auch durch übergroße Wärme lassen sich nicht alle Bakterien restlos töten. Dazu kommt, daß überall in der Luft Bakterien umherschwärmen, die alle Lebensmittel, auch die gerade von Bakterien befreiten, befallen und sich auf ihnen zu vermehren beginnen.

Im allgemeinen kann man sagen, daß das Wachstum der Bakterien um so mehr gehindert wird, je tiefer die Temperatur liegt, d. h. die Haltbarkeit der Lebensmittel ist um so größer, je kühler sie lagern. Eine sehr große Lagerdauer von mehreren Monaten ist nicht bei allen Lebensmitteln, und meist nur durch Einfrieren möglich. Wir wissen, daß Gefrierfleisch von Südamerika und von Australien zu uns kommt und trotz langen Transportes und Lagerung bei richtiger Behandlung dem frischen Fleisch kaum nachsteht. Die Behandlung und Lagerung in diesem Zustande ist jedoch Sache der Lebensmittelindustrie und des Großhandels und soll hier nicht besprochen werden.

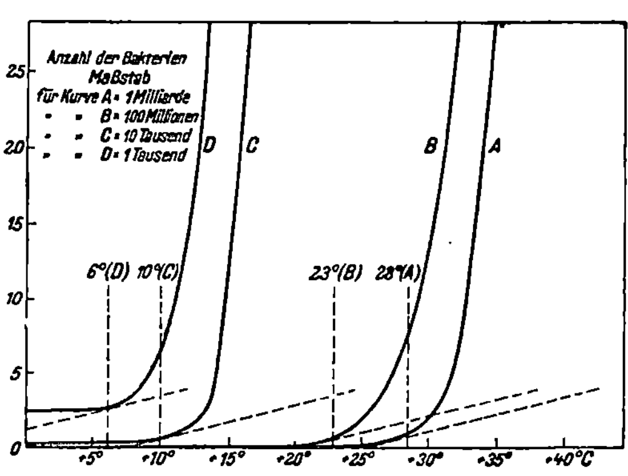

Abb. 22. Wachstum von Bakterien in Milch; Anzahl der Bakterien pro Kubikzentimeter nach 24 Stunden bei verschiedenen Außentemperaturen.

Im Haushalt handelt es sich ja nur um eine Aufbewahrung über mehrere Tage, unter Umständen nur über mehrere Stunden. Es genügt daher vollkommen, wenn die Lebensmittel in Temperaturen von etwa +6 bis +8° aufbewahrt werden. Eine günstigste Temperatur für die Aufbewahrung gibt es meist nicht, sondern nur einen günstigen Temperaturbereich. Wie oben bereits gesagt, je tiefer die Temperatur ist, um so günstiger ist im allgemeinen die Aufbewahrung. Es ist aber eine falsche Auffassung, wenn man annehmen würde, daß sich verderbliche Lebensmittel in einem guten Kühlschrank beliebig lange halten können.

Um einen Überblick zu geben, wie stark Bakterien sich vermehren können, sei auf die Abb. 22 verwiesen[1]. Dort ist die Anzahl der Bakterien angegeben, die bei verschiedenen Temperaturen nach 24 Stunden in einem Kubikzentimeter frischer Milch enthalten sind. Beste Säuglingsmilch enthält etwa 2500 Keime pro Kubikzentimeter. Dies ist bereits ein hoher Grad von Reinheit für frische Milch. Aus der Kurve D ersieht man, daß bei +7° eine deutliche und schnelle Aufwärtsentwicklung der Bakterien beginnt. Bei +12° ist die Entwicklung bereits so schnell, daß man die Kurve in 10fachem Maßstabe darstellen muß, um noch eine Übersicht zu behalten.

---

[1] Aus Bulletin 98, U. S. Departement of Agriculture, 88 pp. 1914.

Bei den höheren Temperaturen von +21 bis +30° mußten die Maßstäbe noch viel größer gewählt werden. Denn bei einer Lagerung bei 23° ist die Anzahl der Keime nach 24 Stunden unter sonst gleichen Bedingungen bereits 25 Millionen pro Kubikzentimeter. Man ersieht also hieraus, wie ungeheuer rasch sich bei hohen Temperaturen die Bakterien vermehren.

Es sollen nun für einige der wichtigsten Lebensmittel die günstigsten Kühlbedingungen durchgesprochen werden.

Bei der Fleischkühlung kommt es neben der Temperatur wesentlich auf den Feuchtigkeitsgehalt der Luft an. Man muß stets vermeiden, daß die Oberfläche des Fleisches feucht ist. Im Schlachthof wird das frisch geschlachtete Fleisch sofort in den Kühlraum gebracht und möglichst schnell auf etwa +2° heruntergekühlt. Es ist übrigens eine nicht überall bekannte Tatsache, daß frisch geschlachtetes Fleisch, insbesondere Rindfleisch, unschmackhaft, schwer zu kauen und zu verdauen ist. Erst bei einer mehrtägigen Lagerung im Kühlraum tritt das sogenannte Reifen des Fleisches ein. Dieses Reifen wird durch Einwirken der Fleischmilchsäure und durch langsames Lösen der Muskelstarre erreicht und benötigt im allgemeinen eine Zeit von 4—8 Tagen.

Je höher man den Feuchtigkeitsgehalt der Luft wählt, um so geringer ist der Gewichtsverlust des Fleisches; denn wenn die Luft zu trocken wäre, würde das Fleisch austrocknen und sowohl an Gewicht als an Geschmack verlieren. Andererseits darf aber der Feuchtigkeitsgehalt auch nicht zu groß sein, damit das Wachstum von Bakterien und Schimmelpilzen auf jeden Fall gehemmt wird.

Über den Zusammenhang zwischen Temperatur, Feuchtigkeitsgehalt und Bakterienwachstum bei Fleisch hat kürzlich Dr. ing. W. Schmid, interessante Versuchsergebnisse veröffentlicht[1]. Aus den zahlreichen Versuchen seien die Ergebnisse bei +2° Lagertemperatur herausgegriffen. In Abb. 23 ist die Anzahl der Bakterien pro Quadratzentimeter Fleischoberfläche bei verschiedenem Feuchtigkeitsgehalt und verschiedener Lagerdauer aufgetragen. Man erkennt hieraus den großen Einfluß der relativen Feuchtigkeit. Je höher die Feuchtigkeit, um so stärker die Vermehrung der Bakterien. Der Übergang zwischen gut und unbrauchbar ist gekennzeichnet durch

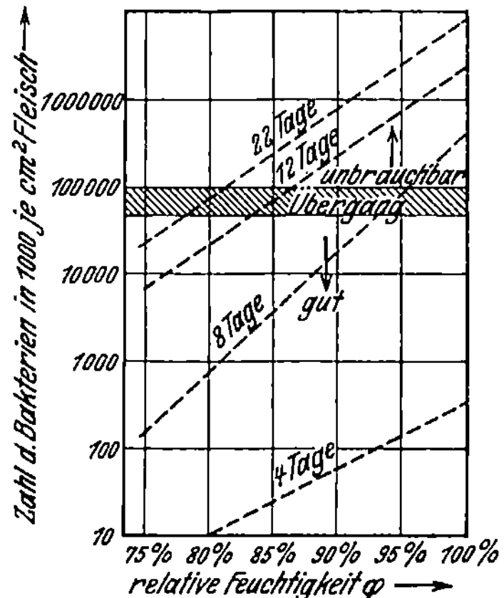

Abb. 23. Wachstum von Bakterien auf Fleisch bei einer Lagertemperatur von +2° in Abhängigkeit von der relativen Luftfeuchtigkeit bei verschiedener Lagerzeit.

---

[1] Zeitschrift für die gesamte Kälteindustrie; Jan. 1931, S. 1.

den schraffierten Streifen. Weitere Kurven, die hier nicht angeführt werden können, zeigen, daß das Wachstum der Bakterien bei +4° bereits erheblich stärker und bei 0° schon bedeutend schwächer ist.

Im Haushalt handelt es sich ja nun nicht um mehrwöchentliche Aufbewahrung, daher kann man auch etwas höhere Temperaturen zulassen. Die Feuchtigkeit sollte jedoch möglichst 75% nicht übersteigen, da durch das Türöffnen die Luftfeuchtigkeit vorübergehend sowieso stark erhöht wird.

Es ist auch stets zu empfehlen, das Fleisch aus dem Verpackungspapier herauszunehmen, auf einen Teller zu legen und mit einem sauberen Tuch außen sorgfältig abzutrocknen. Bewahrt man es so in kalter, trockener Luft auf, so bildet sich eine dünne, trockene Außenschicht, die ein befriedigendes Frischhalten gewährleistet.

Bei der Milchkühlung ist tiefe Temperatur unbedingt erforderlich. Die Abkühlung muß sofort nach dem Melken geschehen und zwar bis auf etwa +2° herunter, in besonderen Milchkühlern, die schnelle Kühlung gestatten. Ebenso muß die Milch auf dem Transport, im Milchverkaufsgeschäft und auch im Haushalt stets kühl gehalten werden. Im Gegensatz zu Fleisch, das bei richtiger Behandlung durch Gefrierenlassen keine Geschmacksveränderung erleidet, sollte man Milch niemals frieren lassen; denn es tritt dabei eine Trennung von Rahm und Magermilch ein, deren Wiedervereinigung beim Auftauen Schwierigkeiten bereitet und die Qualität vermindert.

Ein Mittel, um die Haltbarkeit der frischen Milch zu verlängern, ist das Abkochen oder noch besser das Pasteurisieren. Das Pasteurisieren besteht darin, daß man die Milch etwa ½ Stunde lang auf einer Temperatur von 62—65° hält. Danach muß sie jedoch so schnell wie möglich wieder tief gekühlt werden. Eine gänzliche Abtötung aller Bakterien ist allerdings weder durch Pasteurisieren, noch durch Kochen zu erreichen, so daß auch diese Maßnahmen die Haltbarkeit der Milch höchstens um einige Tage verlängern können. Einwandfreie Zahlen über die Haltbarkeit der Milch im Kühlschrank lassen sich nicht geben, weil der Anfangszustand der Milch außerordentlich verschieden ist. Abgesehen vom Gesundheitszustand der Tiere ist die Haltbarkeit weitgehend abhängig von der Sauberkeit beim Melken und der raschen Tiefkühlung. Jedenfalls kann man damit rechnen, daß gute, richtig gewonnene Milch sich im Kühlschrank im rohen Zustand und in geschlossenen Flaschen etwa 6—8 Tage lang frisch hält. Das ist also für den Haushalt mehr als genug.

In Rücksicht darauf, daß die Milch stets schnell abgekühlt und sehr kühl gehalten werden soll, setzt man sie zweckmäßig an die kälteste Stelle im Kühlschrank. Dies ist nach den vorherigen Ausführungen die Stelle unmittelbar unter dem Verdampfer. Es ist natürlich empfehlenswert, sie in einem geschlossenen Gefäß in den Kühlschrank hineinzustellen.

Die Aufbewahrung von G e m ü s e ist ebenfalls eine wichtige Aufgabe des Kühlschrankes. Infolge ihres großen Wassergehaltes und ihrer großen Oberfläche trocknen die Gemüse sehr schnell aus. Man sagt, sie welken. Diese Erscheinung beobachtet man an heißen Tagen bereits nach mehreren Stunden. Auch im Kühlschrank kann ein Welken und Trocknen stattfinden, wenn der Feuchtigkeitsgehalt des Schrankes zu gering ist. Es ist daher die beste Lösung, wenn man für Gemüse im Kühlschrank einen kleinen abgetrennten Raum vorsieht, der mit dem übrigen Raum keine oder nur eine kleine Verbindung besitzt. Das einfachste ist, man nimmt ein größeres Glas oder einen Topf und bewahrt das Gemüse in diesem getrennt auf. Es stellt sich dann hier von selbst durch das Ausdünsten ein höherer Feuchtigkeitsgehalt ein, der für das Frischhalten des Gemüses von großer Bedeutung ist. Es ist möglich, auf diese Weise beispielsweise Kopfsalat eine Woche lang frisch zu halten.

Eine andere Möglichkeit besteht darin, daß man das Gemüse in ein Öl- oder Wachspapier einschlägt und dies in den Kühlschrank legt. Im Prinzip ist dies dieselbe Methode, die in jedem Haushalt vom Frischhalten des Brotes in einer Blechbüchse bekannt ist. Die Temperaturen, die zur Kühlhaltung notwendig sind, sind im allgemeinen nicht so tief wie die Temperaturen für Milch. Man kann das Gemüse daher ruhig im obersten Fach des Schrankes aufbewahren, d. h. dort, wo es am wärmsten ist.

Ganz ähnlich verhält es sich mit dem O b s t. Auch frisches Obst verlangt einen verhältnismäßig hohen Feuchtigkeitsgehalt. Andererseits muß man aber darauf achten, daß das Obst nicht von vornherein in feuchtem Zustand in den Schrank hinein kommt. Am besten ist es, die gesäuberten, abgetrockneten Früchte in einer Schale mit lose schließendem Deckel aufzubewahren. Auch bezüglich Temperaturen gilt für Obst ähnliches wie für Gemüse. Es genügt, Obst in dem obersten Fach aufzubewahren. Das einzige Obst, bei dem man eine gewisse Vorsicht walten lassen muß, sind Bananen; denn diese sollten keine tieferen Temperaturen als 10^0 annehmen.

B u t t e r soll, wenn sie längere Zeit aufbewahrt wird, auch sehr kühl lagern. Man bringt sie daher zweckmäßig in die Nähe der Milch, also an der kältesten Stelle des Kühlschrankes unter. Nur die Butter, die dem täglichen Gebrauch dient, sollte möglichst an der wärmsten Stelle im Kühlschrank aufbewahrt werden; denn sie ist sonst so hart, daß sie sich nicht streichen läßt.

F i s c h verlangt für die Aufbewahrung sehr tiefe Temperaturen. Man sollte ihn zunächst außen sorgfältig abtrocknen und dann in einer geschlossenen Schüssel an der kältesten Stelle des Schrankes aufbewahren. Eine längere Aufbewahrung für Fisch ist nicht zu empfehlen; man sollte Fisch hauptsächlich nur für den Verbrauch am gleichen Tage einkaufen.

Eine wichtige Frage für den Haushaltkühlschrank ist die G e r u c h ü b e r t r a g u n g. Es gibt eine Reihe Lebensmittel, die einen intensiven Eigengeruch haben und wieder andere, die gegen Geruch sehr empfindlich sind und jeden Geruch anziehen. Zu den ersteren gehört hauptsächlich Fisch, Käse und Gemüse, zu den letzteren hauptsächlich Butter und feine Wurstwaren. Um eine Geruchübertragung zu vermeiden, sollte man soweit wie möglich alle diese Lebensmittel in geschlossenen Gefäßen aufbewahren oder wenigstens mit einem Teller zudecken. Dann wird die Geruchübertragung so gering, daß sie den Geschmack nicht nachteilig beeinflußt.

Es kommt dazu, daß der Schneeansatz, der sich im allgemeinen am Verdampfer bildet, bereits in sehr wünschenswerter Weise Gerüche absorbiert. Es ist daher zweckmäßig, stark riechende Lebensmittel in dem obersten Fach des Kühlschrankes aufzubewahren. Denn die Luft gelangt bei ihrer Zirkulation durch den Schrank unmittelbar hinterher an den Verdampfer und gibt ihren Geruch zum größten Teil an den Schnee ab. Auf diese Weise bleiben die übrigen Speisen weitgehend unbeeinflußt. Im Interesse einer möglichst geringen Geruchübertragung ist es auch vorteilhaft, einen kräftigen Luftumlauf zu haben.

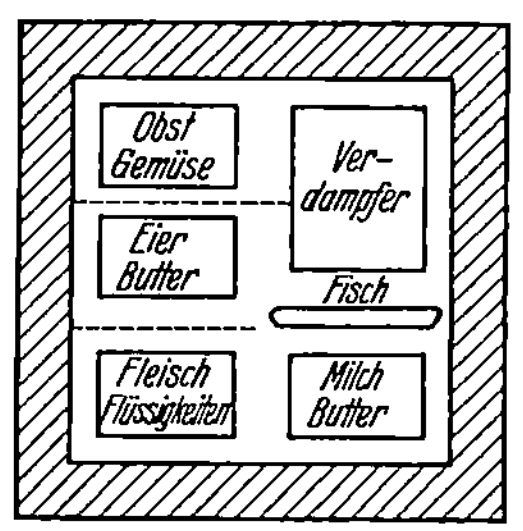

Abb. 24. Zweckmäßige Anordnung der Lebensmittel in einem Kühlschrank.

Die Abb. 24 zeigt schematisch einen Kühlschrank mit seitlich angeordnetem Verdampfer. In allen Fächern ist angegeben, welche Art Lebensmittel in ihnen untergebracht werden sollten. Diese Anordnung ist natürlich keine notwendige; doch dürfte es zweckmäßig sein, sich ungefähr nach ihr zu richten.

D. Besondere Ausführungsformen von Kühlschränken.

XIV. Einige spezielle Ausführungen von Kompressorschränken.

Der A t e - Kühlschrank wird von der Fa. Alfred Teves, Frankfurt a. M. hergestellt. Der Kompressor ist ein Kolbenkompressor und zwar je nach der Größe ein Einzylinder, Zweizylinder oder bei den größeren gewerblichen Anlagen ein Vierzylindermodell. Er wird durch einen Keilriemen vom Motor angetrieben. Die Abb. 25 zeigt einen Schnitt durch einen Einzylinderkompressor. Als

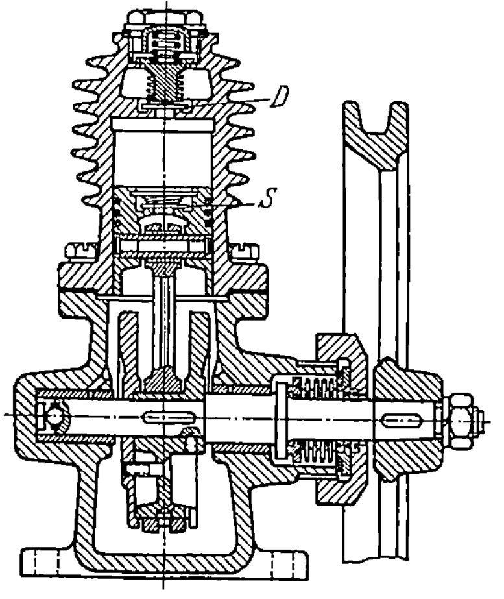

Abb. 25. Schnitt durch den Kompressor des Ate-Kühlschrankes.

Abb. 26. Aggregat des DKW-Kühlschrankes.

Abb. 27. Aggregat des Frigorrex-Kühlschrankes.

Kältemittel wird Methylchlorid verwendet. Als Reduzierventil dient ein sog. Membranventil, wie in Abb. 9 auf S. 21 dargestellt. Der Temperaturregler ist ein Thermostat, der in Abhängigkeit von der Verdampfertemperatur gesteuert wird.

Der D. K. W.-Kühlschrank der Fa. Zschopauer Motorenwerke
I. S. Rasmussen (Abb. 26) hat einen rotierenden Kompressor,

Abb. 28. Aggregat des Körting-Kühlschrankes.

der allerdings nicht direkt auf der Motorachse sitzt, sondern
ebenfalls durch einen Keilriemen angetrieben wird. Als Kälte-

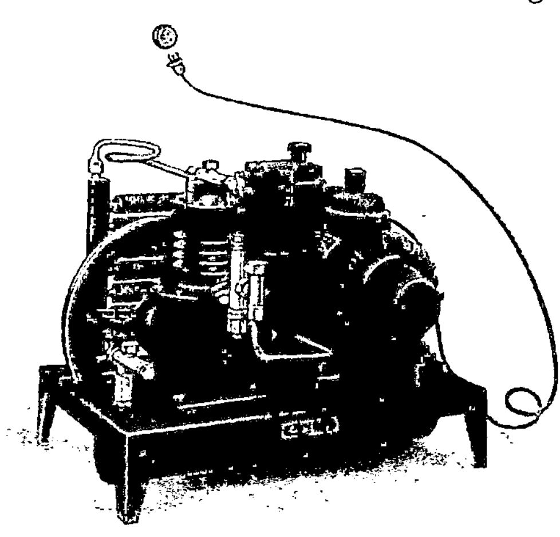

Abb. 29. Aggregat des Linde-Kühlschrankes.

mittel wird schweflige Säure verwendet. Die Regelung des Kälte-mittelzuflusses zum Verdampfer erfolgt durch ein Schwimmerventil.

Der Frigorrex-Kühlschrank wird von der Fa. Gebr. Bayer, Augsburg gebaut. Als Kompressoren werden ein- und zweizylindrige Kolbenkompressoren verwendet. Das Kältemittel ist Methylchlorid, das Reduzierventil ein Membranventil. Die Abb. 27 zeigt das Aggregat eines mittleren Haus-haltschrankes. Der Körting-Kühlschrank der Firma Gebr.
Körting A.-G. Hannover arbeitet mit einem Zweizylinder-Kolben-
kompressor. Abb. 28 zeigt das Aggregat und den Verdampfer zu-

sammen auf dem Prüfstand. Als Kältemittel wird SO_2 verwendet, als Regelventil ein Schwimmerventil. Die Temperaturregelung erfolgt in Abhängigkeit von der Verdampfertemperatur durch einen Thermostaten.

Abb. 30. Servisto-Kühlschrank.

Der Linde-Kühlschrank, ein Fabrikat der Gesellschaft für Linde's Eismaschinen arbeitet mit Schwefeldioxyd. Die Regulierung erfolgt durch ein Schwimmerventil und die automatische Ein- und Ausschaltung in Abhängigkeit vom Verdampferdruck. Der Kompressor ist ebenfalls ein Kolbenkompressor. Abb. 29 zeigt das Aggregat eines mittleren Schrankes.

Der Servisto-Kühlschrank des Sachsenwerkes ist in der Abb. 30 dargestellt. Der Kompressor ist ein Kolbenkompressor, das Regulierventil ein Schwimmerventil. Die Regulierung der

Temperatur erfolgt durch einen Thermostaten, der auf dem Verdampfer liegt. Als Kältemittel wird Äthylchlorid verwendet. Von den übrigen Bauarten abweichend ist das Problem der Ölabscheidung gelöst. Man läßt das Schmieröl, das sich mit dem Äthylchlorid nicht mischt, mit in den Verdampfer steigen. Dort senkt es sich, weil schwerer als Äthylchlorid, auf den Boden, an den sich ein langes Uförmiges Rohr anschließt. Dies ist an seinem andern Ende mit einem Überlauf versehen, durch den das Schmieröl wieder zum Kompressor zurückläuft.

Der Frigidaire-Kühlschrank Abb. 31, ist ein Produkt der Fa. Frigidaire, einer Tochtergesellschaft der General-Motors. Eine eigene Vertriebsgesellschaft unter dem gleichen Namen vertreibt diesen Schrank in Deutschland. Der Kompressor

Abb. 31. Frigidaire-Kühlschrank.

ist ebenfalls ein Kolbenkompressor. Das Reduzierventil ist ein Schwimmerventil. Das Kältemittel ist SO_2 und der automatische Regler ein Druckregler d. h. Manostat.

Der Kelvinator-Kühlschrank, ebenfalls ein amerikanisches Erzeugnis, wird von der Kelvinator Elektro-Kühlanlagen-AG. vertrieben. Der Kompressor ist ein Kolbenkompressor, das Reduzierventil ein Membranventil. Die automatische Regelung erfolgt durch einen Thermostat in Abhängigkeit von der Verdampfertemperatur. Als Kältemittel wird SO_2 verwendet. Abb. 32 zeigt das Aggregat eines Schrankes.

Alle bisher beschriebenen Kühlschränke sind solche mit sog. „offenen" Kältemaschinen. Im Gegensatz dazu spricht man von sog. „geschlossenen" Kältemaschinen. Das sind nämlich solche, die keine Stopfbüchse haben und nach außen vollkommen her-

Abb. 32. Aggregat des Kelvinator-Kühlschrankes.

metisch abgeschlossen sind. Alle oben beschriebenen Kühlschränke müssen die rotierende Achse des Kompressors gegen die Außen-

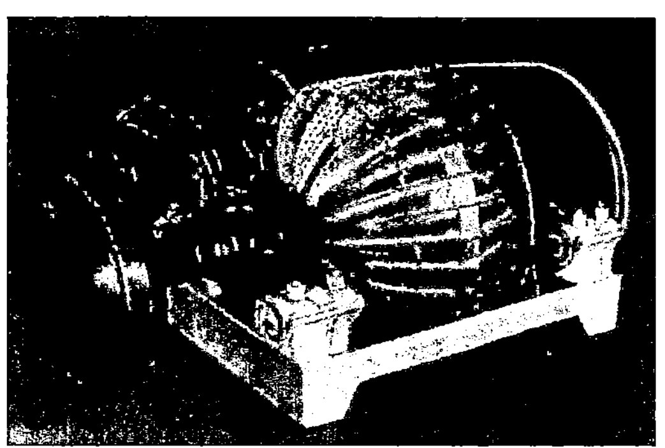

Abb. 33. Aggregat des B. B. C.-Kühlschrankes.

luft durch eine Stopfbüchse abdichten, damit kein Kältemittel entweicht. Wenn auch die verschiedenen Konstruktionen der Stopfbüchsen einen sehr hohen Grad der Betriebssicherheit erreicht haben, so können doch gelegentlich Undichtigkeiten und damit Störungen vorkommen. Dieser Nachteil tritt bei den vollkommen geschlossenen Konstruktionen, bei denen die Stopfbüchse vermieden ist, nicht ein; doch hat man hier u. U. den Übelstand, daß bei auftretenden Störungen die Maschine an Ort und Stelle kaum untersucht werden kann und fast immer zur Fabrik zur Reparatur zurückgeschickt werden muß. Unter diesen geschlossenen Maschinen gibt es einige interessante Einzelkonstruktionen, die im Folgenden kurz erwähnt werden sollen.

Die Fa. Brown-Boveri, Mannheim, bringt einen sog. Rot - Silber - Kühlautomat A -S. auf den Markt. Die Kältemaschine besteht aus zwei hermetisch verschlossenen Kugeln, die durch eine Hohlwelle starr miteinander verbunden sind. Dieses ganze System der beiden Kugeln mit Hohlachse ist an zwei Punkten gelagert und wird durch eine Riemenscheibe von einem Motor aus in Drehung versetzt. Abb. 33 zeigt das Agregat. Ein in der rechten Kugel befindlicher Kompressor bringt das Kältemittel auf den notwendigen Druck. Der Kompressor funktioniert folgendermaßen: Auf der Welle exzentrisch angeordnet, sitzt der Kolben. Der Zylinder ist besonders kräftig und schwer ausgeführt, dreht sich daher nicht mit, sondern pendelt nur etwas hin und her. Hierdurch wird der Kompressor betätigt, ohne daß er direkt angetrieben wird. Auf diese Weise konnte die Stopfbüchse vermieden werden. Das komprimierte Kältemittel füllt nun die ganze rechte Kugel aus und kondensiert an ihren Außenwänden. Zu diesem Zwecke ist die Kugel mit Kühlrippen versehen. Das flüssige Kältemittel wird dann durch ein Reduzierventil in den Verdampfer gespritzt. Der Verdampfer ist der linke flache Zylinder (Kugel). Die Verdampferkugel läuft meist in Sole und kühlt somit indirekt. Bisher werden diese Maschinen nur für mittlere und größere Schränke hergestellt.

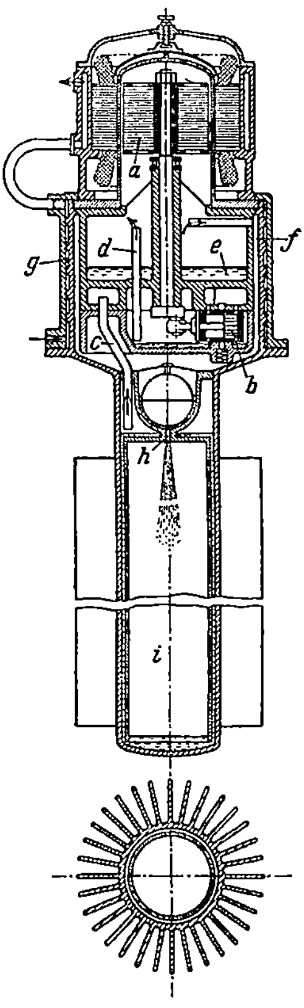

Abb. 34. Schnitt durch das Aggregat des Autofrigor.

Der Autofrigor - Kühlschrank wird von der Fa. Escher, Wyss & Cie. in Zürich hergestellt. Die Abb. 34 zeigt ein Schema. Der rotierende Teil des Motors a steht mit der eigentlichen Kältemaschine und dem Kompressor *b* in unmittelbarer Verbindung, so daß die Wicklung innerhalb des Kältemitteldampfes liegt. Dieser rotierende Teil ist von einem Stahlzylinder umgeben und außerhalb dieses Stahlzylinders liegt der feststehende Teil des Motors, der sog. Stator. Wir haben hier also einen Motor vor uns, dessen

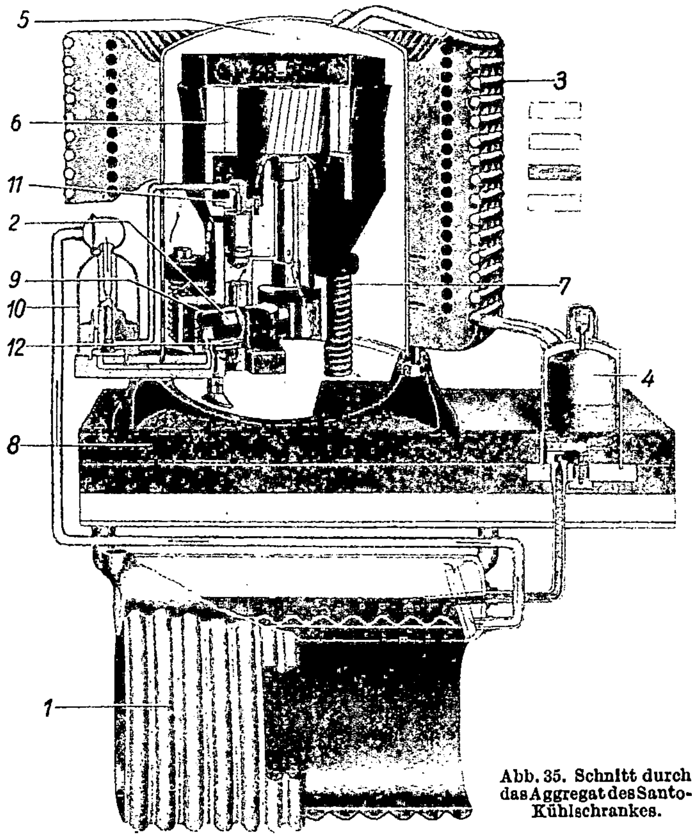

Abb. 35. Schnitt durch
das Aggregat des Santo-
Kühlschrankes.

feststehender und rotierender Teil durch einen ebenfalls feststehenden Stahlzylinder getrennt sind. Auf diese Weise liegen die rotierenden Teile innen und die Stopfbüchse ist vermieden. Als Kältemittel wird Methylchlorid verwendet. Der Kompressor ist ein kleiner, schnellaufender Kolbenkompressor, der Kondensator wird mit Kühlwasser gekühlt. Die übrigen Einzelheiten gehen aus der Abb. 34 hervor.

Ein weiterer stopfbüchsenloser Kühlschrank ist der von der AEG unter dem Namen S a n t o vertriebene Kühlschrank der General Electric Co. in Amerika, von dem Abb. 35 ein Schema zeigt. Hier liegt der Motor 6 vollständig in der Maschine und zwar im Gasraum. Der Kompressor 2 ist ein ganz kleiner Kolbenkompressor mit geringem Hub, der unmittelbar vom Motor angetrieben wird, also mit der vollen Tourenzahl von 1450 bzw. 1750 läuft. Das Reduzierventil 4 ist ein Schwimmerventil, das Kältemittel Schwefeldioxyd. Die automatische Schaltung erfolgt durch einen Thermostaten in Abhängigkeit von der Temperatur der Verdampferoberfläche und zwar wird dazu die Ausdehnung eines Gases benutzt.

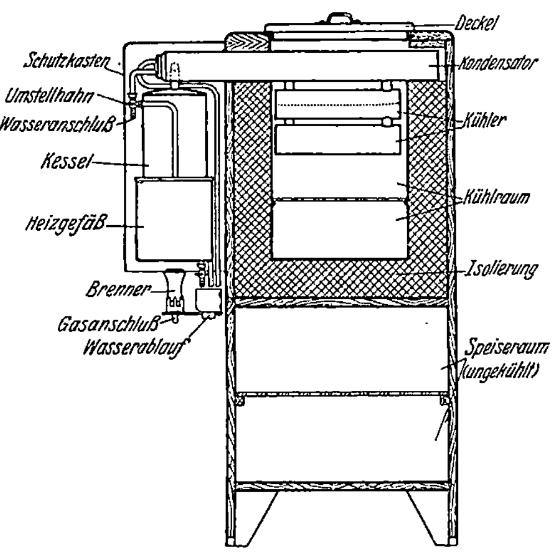

Abb. 36. Schema des Eskimo-Kühlschrankes.

Bei allen diesen geschlossenen Maschinen muß man in Kauf nehmen, daß sie nur für Wechselstrom und Drehstrom hergestellt werden können. Da die Motoren in demselben Raum laufen, in dem sich das Kältemittel befindet, muß jeder Kollektor und jeder Schalter vermieden sein; es können also nur Kurzschlußläufermotoren verwendet werden. Bei Anschluß an Gleichstrom muß ein besonderer rotierender Umformer für den Kühlschrank mitgeliefert werden. Hierdurch erhöhen sich naturgemäß die Anlagekosten.

XV. Einige spezielle Ausführungen von Absorptionskühlschränken.

Der E s k i m o - Kühlschrank, ein Fabrikat der Fa. Senssenbrenner, Düsseldorf, wird sowohl als Kühlkiste wie auch als kleiner Schrank geliefert. Es ist ein periodisch arbeitender Absorptionskühlschrank mit Wasser-Ammoniak als Arbeitsmittel gemäß der schematischen Abb. 36. Er arbeitet mit Wasserkühlung und nicht automatisch. Das Besondere an ihm ist, daß der Kocher indirekt beheizt wird über einen Wassermantel, der mit der Atmosphäre in Verbindung steht. Bei andauernder Heizung würde der ganze Inhalt des Wassermantels verdampfen und damit die weitere Wärmezufuhr zum Kocher unterbinden. Auf diese Weise wird eine besondere Sicherheitsvorrichtung vermieden.

Der Framo - Kühlschrank der Metallwerke Frankenberg, G. m. b. H. ist ebenfalls ein kleiner mit Wasser gekühlter Absorptionsschrank. Aus dem schematischen Schnitt in Abb. 37 ist das Prinzip der Konstruktion ersichtlich. Die Maschine besteht im wesentlichen aus 2 Gefäßen, dem Kocher-Absorber A und dem Kondensator-Verdampfer B. Dieses System ist um einen Drehpunkt kippbar. Während des Kochens steht es in der gezeichneten Stellung. Wenn genügend Ammoniak ausgetrieben und im wassergekühlten Kondensator B kondensiert ist, bekommt dieser das Übergewicht, und die ganze kleine Maschine dreht sich um ca. 90°. Dabei wird die Heizung abgeschaltet und das Kühlwasser auf den Absorber umge

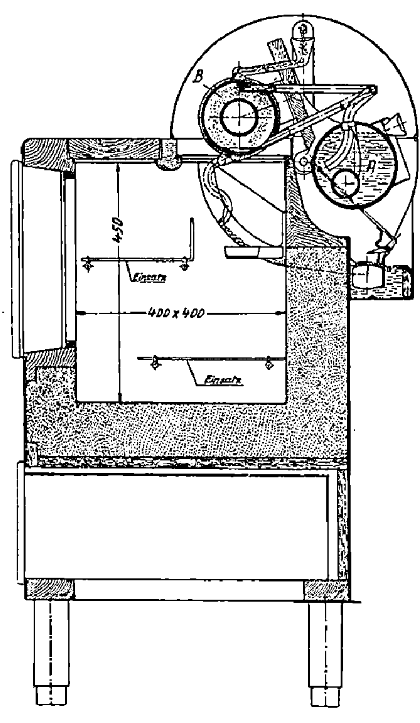

Abb. 37. Schema des Framo-Kühlschrankes.

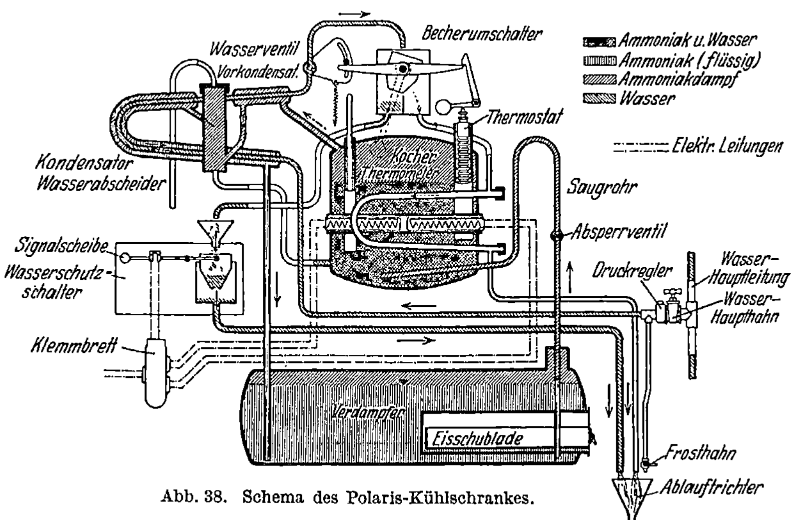

Abb. 38. Schema des Polaris-Kühlschrankes.

schaltet. Nun beginnt die Kühlung. Die Einleitung der einzelnen Heizperioden muß von Hand erfolgen. Die Arbeitsweise ist also halbautomatisch.

Der P o l a r i s -Kühlschrank der Firma Gebr. Bayer, Augsburg arbeitet ebenfalls halbautomatisch. Abb. 38 zeigt die Anordnung. Das Kühlwasser tritt seitlich rechts ein und fließt zunächst durch den Kondensator. Dann tritt es während der Heizzeit über den Becherumschalter und über einen Wasserschutzschalter links unten in den Ablauftrichter. Hat die Kochertemperatur einen bestimmten Höchstwert erreicht, so wird durch die Ausdehnung eines Thermostaten eine Sperrklinke hochgedrückt, der Becherumschalter schwenkt durch Federkraft getrieben nach rechts um, und nun läuft das Kühlwasser durch den Kocher-Absorber. Der Wasserschutzschalter, der gleichzeitig normaler Ausschalter ist, bekommt kein Wasser mehr und schaltet infolgedessen den Heizstrom aus. Der Becherumschalter betätigt gleichzeitig ein Drosselventil, das den Kühlwasserzulauf zum Absorber vermindert. Die Wiedereinschaltung der Koch-

Abb. 39. Aggregat des Protos-Frigor.

periode muß von Hand an dem mit einer Spiralfeder versehenen Schaltsegment erfolgen.

Der P r o t o s - F r i g o r Kühlschrank der Siemens-Schuckert-werke ist ein sog. Trockenabsorptionsschrank mit Chlorcalcium-Ammoniak, wie auf S. 33/34 beschrieben. Kondensator und Absorber werden mit Luft gekühlt, so daß keinerlei Umschaltungen notwendig sind. Die einzige Automatik besteht in der Anordnung einer elektrischen Schaltuhr, die den Strom zur bestimmten Zeit ein- und ausschaltet. Der Kocher wird also nicht bei Erreichung einer bestimmten Höchsttemperatur abgeschaltet, sondern nach Ablauf einer bestimmten Zeit, die auf etwa 4 Stunden berechnet ist. Man heizt u. U. auf diese Weise einmal einige Minuten zu lang oder zu kurz, hat jedoch den Vorteil einer sehr einfachen Einrichtung und des Fortfalls jeglicher Thermostaten.

Eine Gefahr der Überheizung bei evtl. Nichtausschalten der Schaltuhr besteht nicht, weil das Absorptionsmittel eben ein fester und kein flüssiger Stoff ist und weil die natürliche Ausstrahlung so groß ist, daß sich schon bei ca. 150° im Kocher ein Gleichgewichtszustand einstellt, während der Druck in der Apparatur sogar wieder sinkt.

Wie bei jedem periodischen Absorptionskühlschrank kann die Kälteleistung, nachdem die Kochperiode vorbei ist, nur schwer beeinflußt werden. Die Kälteleistung ist nun so bemessen, daß sie auch bei hohen Raumtemperaturen im Sommer genügend groß ist, um den Kühlschrank auf der richtigen Temperatur zu halten. Durch einen besonderen Umschalter kann man nun während der kühleren Jahreszeit einen Teil der Heizwicklung abschalten, so daß also mit weniger Energie geheizt wird und dementsprechend die Kälteleistung in der nachfolgenden Kühlperiode geringer ist. In Abb. 39 sieht man das Kühlaggregat des Protos-Frigor alleine, in Abb. 40 den kompletten Schrank.

Der Elektrolux Absorptionskühlschrank der Firma Elektrolux A.-G.,

Abb. 40. Protos-Frigor.

Abb. 41. Kleiner Elektrolux-Kühlschrank.[1]

---

[1] Elektrizitätswirtschaft, Nov. 31, Nr. 22

Tempelhof arbeitet kontinuierlich mit Wasserstoff als druckausgleichendem Gas wie auf S. 35 ff. beschrieben. Die normalen Typen arbeiten mit Wasserkühlung und meist mit Gasheizung. Ein ganz kleiner Schrank (Abb. 41) wird luftgekühlt betrieben. Die Maschine sitzt hinter dem Schrank. Die Regelung bei den normalen Typen erfolgt durch einen Thermostaten, bei dem ganz kleinen Schrank durch einen von Hand zu bedienenden Stufenschalter.

Literaturverzeichnis.

Göttsche-Pohlmann: Taschenbuch für Kältetechniker. Hamburg: Hanseatische Verlagsanstalt.

Grubenmann: IX-Tafeln feuchter Luft und ihr Gebrauch bei der Erwärmung, Abkühlung, Befeuchtung, Entfeuchtung von Luft, bei Wasserrückkühlung und beim Trocknen. Berlin: Julius Springer 1926.

Hirsch: Die Kältemaschine. Berlin: Julius Springer.

Linge: Über periodische Absorptionskältemaschinen; Beihefte zur Zeitschrift für die gesamte Kälteindustrie, Reihe 2, Heft 1. Berlin: Gesellschaft für Kältewesen.

Ostertag: Kälteprozesse. Dargestellt mit Hilfe der Entropietafel. Berlin: Julius Springer 1924.

Plank: Haushaltkältemaschinen. Berlin: Julius Springer 1928.
— Versuche über die Kaltlagerung von Obst und Gemüse; 2 Beihefte zur Zeitschrift für die gesamte Kälteindustrie.

Publications of the household refrigeration bureau of the National Association of ice industries, New York.

Rasmusson: Die Lebensmittel und ihre Aufbewahrung. Hannover: M. u. H. Schaper.

Reif: Kleinkühlanlagen für Gewerbe und Haus. Halle-S.: Carl Marhold.

Schüle: Leitfaden der technischen Wärmetechnik. 5. Aufl. Berlin: Julius Springer 1928.

Zeitschrift für die gesamte Kälteindustrie.

Sachverzeichnis.

Absolute Feuchtigkeit 41.
Absoluter Nullpunkt 3.
Absolute Temperatur 3.
Absorptionskältemaschine 10.
Absorber 10, 29.
Äther 8.
Aethylchlorid 7.
Alkohol 12.
Ammoniak 7.
Arme Lösung 10.
A.-S. Kühlautomat 58.
Ate Kühlschrank 52.
Atmosphäre 5.
Autofrigor Kühlschrank 58.
Automatische Regelung 37.

Bakterien 47.
Bakterienwachstum 48.
Beschläge 45.
Butterkühler 8.
Butterkühlung 51.

Celsius 2.
Chlorkalzium 33.

Dampfdruckkurve 6.
Dichtung der Türen 45.
D. K. W. Kühlschrank 54.

Eis 11.
Eisschrank 11.
Elektrolux Kühlschrank 63.
Energieverbrauch von Absorptions-
    schränken 32.
Erster Hauptsatz 3.
Eskimo Kühlschrank 60.
Expansitkork 44.
Explosionsfähigkeit 26.

Fahrenheit 2.
Fäulnis 47.
Feuchtigkeit 39.
Fischkühlung 52.
Fleischkühlung 49.
Flüssigkeitsabscheider 23, 30.

Framo Kühlschrank 61.
Frigidaire 56.
Frigorrex Kühlschrank 54.

Gasabscheidegefäß 29.
Gasumlauf 36.
Gemüsekühlung 51.
Geruchübertragung 52.
Giftigkeit 27.

Halbautomatisch 31.
Hefepilze 47.
Heizperiode 11

Isolation 43.
Isolationsstärke 43.

Kältemischungen 12.
Kältemittel 24.
Kalorie 1.
Kelvinator Kühlschrank 56.
Kilowatt 3.
Kilowattstunde 4.
Kocher 10.
Körting Kühlschrank 54.
Kohlensäureeis 12.
Kolbenkompressor 18.
Kompressionskältemaschine 8.
Kompressor 8, 18.
Kondensationswärme 9.
Kondensator 8, 19.
Kontinuierliche Absorptions-
    maschine 10.
Konvektion 16.
Korkschrot 44.
Kühlperiode 11.
Kühlwasser 8.

Lebensmittellagerung 47.
Leistungsziffer 13, 14.
Leistungsziffer von Absorptions-
    schränken 32.
Leitfähigkeit 15.
Linde-Kühlschrank 55.

Luftfeuchtigkeit 39.
Luftumlauf 45.

Manostat 38.
Mechanisches Wärmeäquivalent 4.
Membranstopfbüchse 19.
Methylchlorid 7.
Milchkühlung 50.

Neutrales Gas 35.

Oberfläche des Kühlschrankes 43.
Obstkühlung 51.
Ölabscheider 18.

Pasteurisieren 50.
Periodische Absorptionsmaschine 11.
Pferdestärke 3.
Polaris Kühlschrank 62.
Pressostat 38.
Protos Frigor 62.
Pumpe 10.

Réaumur 2.
Reduzierventil 9, 20.
Reiche Lösung 10.
Reinhartin Sole 23.
Relative Feuchtigkeit 40.
Rot-Silber Kühlautomat 58.
Rückschlagventil 23.

Santo-Kühlschrank 60.
Saugleitung 23.
Schimmel 47.
Schmieröl 29.
Schmierung 18.
Schwefeldioxyd 7.
Schwimmerventil 22.
Servisto-Kühlschrank 55.

Sicherheitsvorrichtung 20, 31.
Siedekurve 6.
Siedepunkt 6.
Siedetemperatur 6.
Sole 23.
Spezifische Wärme 1.
Stopfbüchse 18.
Strahlung 15.

Taupunkt 41.
Temperatur 2.
Temperaturschwankungen 32.
Temperaturverteilung im Schrank 17, 46.
Temperaturwechsler 35.
Thermischer Kompressor 10.
Thermischer Wirkungsgrad 13.
Thermostat 37.
Trockenabsorptionskältemaschinen 33.
Türdichtung 45.

Vakuumschalter 38.
Ventilator 20.
Verdampfer 8, 22.
Verdampfung 5.
Verdampfungswärme 5, 25.
Verderben der Lebensmittel 47.
Verdunsten 7.
Verschleißprozeß 12.

Wärmeenergie 1.
Wärmeleitfähigkeit 15.
Wärmeübergang 14.
Wasserstrahlpumpe 12.
Wirtschaftlichkeit 32.

Zweiter Hauptsatz 12.
Zwischenbehälter 34.

Die Kältemaschine. Grundlagen, Berechnung, Ausführung, Betrieb und Untersuchung von Kälteanlagen. Von Dipl.-Ing. **M. Hirsch,** Berat. Ing. V. B. I. Z w e i t e, vermehrte und verbesserte Auflage. Mit etwa 400 Textabbildungen. Etwa 560 Seiten.

Erscheint April 1932.

Zusammenfassende Darstellung aller die Kälteerzeugung und die Kälte·anwendung betreffenden wissenschaftlichen Forschungsergebnisse und Anweisung für die Berechnung und Untersuchung von Kälteanlagen bilden neben der Darstellung der Kältemaschine in ihren mannigfaltigen Anwendungs- und Ausführungsformen den Gegenstand dieses Werkes.

***Haushalt - Kältemaschinen.** Von Professor Dr.-Ing. **R. Plank,** Direktor des Kältetechnischen Instituts an der Technischen Hochschule Karlsruhe. Mit 68 Textabbildungen. V, 96 Seiten. 1928.

RM 7,50

Der Verfasser, der Spezialist auf dem Gebiete des Kältewesens ist, hat in dieser Monographie über die Klein-Kältemaschinen das Gebiet kurz und übersichtlich dargestellt. Das Thema ist sehr aktuell, und obwohl das ausländische, besonders amerikanische Schrifttum, wenn auch verstreut, zahlreich ist, ist in der deutschen Buchliteratur bisher überhaupt nichts darüber geschrieben worden.

***Diagramme und Tabellen zur Berechnung der Absorptions-Kältemaschinen.** Von Dr.-Ing. **Fr. Merkel,** a. o. Prof. an der Technischen Hochschule Dresden, und Dr.-Ing. **Fr. Bošnjaković,** Dresden. Mit 30 Textabbildungen und 4 Diagrammen auf Tafeln. V, 43 Seiten. 1929. RM 12,—

***Der Wärme- und Kälteschutz in der Industrie.** Von Privatdozent Dr.-Ing. **J. S. Cammerer,** Berlin. Mit 94 Textabbildungen und 76 Zahlentafeln. VIII, 276 Seiten. 1928. Gebunden RM 21,50

***Kälteprozesse.** Dargestellt mit Hilfe der Entropie-Tafel. Von Professor Dipl.-Ing. **P. Ostertag,** Winterthur. Mit 58 Textabbildungen und 3 Tafeln. II, 118 Seiten. 1924. Gebunden RM 6,80

***Ix-Tafeln feuchter Luft** und ihr Gebrauch bei der Erwärmung, Abkühlung, Befeuchtung, Entfeuchtung von Luft, bei Wasser·rückkühlung und beim Trocknen. Von Dr.-Ing. **M. Grubenmann,** Zürich. Mit 45 Textabbildungen und 3 Diagrammen auf zwei Tafeln. IV, 46 Seiten. 1926. RM 10,50

***Wärme- und Kälteverluste** isolierter Rohrleitungen und Wände. Tabellarische Zusammenstellung für die Praxis. Herausgegeben von **Grünzweig & Hartmann** G. m b. H., Ludwigshafen a. Rh. 269 Seiten. 1928. Gebunden RM 16,—

---

* Auf alle vor dem 1. Juli 1931 erschienenen Bücher wird ein Notnachlaß von 10% gewährt.

***Technische Thermodynamik.** Von Professor Dipl.-Ing. W. Schüle.
Erster Band: **Die für den Maschinenbau wichtigsten Lehren nebst technischen Anwendungen.** F ü n f t e , neubearbeitete Auflage.
Erster Teil. Lehre von den Gasen und allgemeine thermo-dynamische Grundlagen. Mit 181 Abbildungen im Text und den Tafeln I—IIa. VIII, 385 Seiten. 1930. Gebunden RM 18,—
Zweiter Teil: Lehre von den Dämpfen. Mit 140 Abbildungen im Text und den Tafeln III—IVa. VIII, 280 Seiten. 1930. Gebunden RM 16,—
Zweiter Band: **Höhere Thermodynamik mit Einschluß der chemischen Zustandsänderungen nebst ausgewählten Abschnitten aus dem Gesamtgebiete der technischen Anwendungen.** V i e r t e , erweiterte Auflage. Mit 228 Textfiguren und 5 Tafeln. XVIII, 509 Seiten. 1923.
Gebunden RM 18,—

***Einführung in die Lehre von der Wärmeübertragung.** Ein Leitfaden für die Praxis. Von Dr.-Ing. Heinrich Gröber. Mit 60 Textabbildungen und 40 Zahlentafeln. X, 200 Seiten. 1926.
Gebunden RM 12,—

***Die Wärmeübertragung.** Ein Lehr- und Nachschlagebuch für den praktischen Gebrauch. Von Prof. Dipl.-Ing. **M. ten Bosch,** Zürich. Z w e i t e , stark erweiterte Auflage. Mit 169 Textabbildungen, 69 Zahlentafeln und 53 Anwendungsbeispielen. VIII, 304 Seiten. 1927. Gebunden RM 22,50

***Leitfaden der technischen Wärmemechanik.** Kurzes Lehrbuch der Mechanik der Gase und Dämpfe und der mechanischen Wärmelehre. Von Professor Dipl.-Ing. W. Schüle. F ü n f t e , vermehrte und verbesserte Auflage. Mit 132 Textfiguren und 6 Tafeln. VIII, 323 Seiten. 1928. RM 7,50; gebunden RM 9,—

***Die Entropietafel für Luft** und ihre Verwendung zur Berechnung der Kolben- und Turbo-Kompressoren. Von Dipl.-Ing. **P. Ostertag,** Direktor des kant. Technikums Winterthur. D r i t t e , verbesserte Auflage. Mit 21 Textabbildungen und 2 Diagrammtafeln. IV, 48 Seiten. 1930. RM 6,—

***Die Ventilatoren.** Berechnung, Entwurf und Anwendung. Von Dr. sc. techn. **E. Wiesmann,** Ingenieur. Z w e i t e , verbesserte und erweiterte Auflage. Mit 227 Abbildungen, 23 Zahlentafeln und zahlreichen Berechnungsbeispielen. VIII, 309 Seiten. 1930.
Gebunden RM 24,—

***Zentrifugal - Ventilatoren.** Ihre Berechnung und Konstruktion. Von Ingenieur **Erich Gronwald.** Mit 108 Textabbildungen. VIII, 178 Seiten. 1925. Gebunden RM 12,60

* Auf alle vor dem 1. Juli 1931 erschienenen Bücher wird ein Notnachlaß von 10% gewährt.